博士后文库
中国博士后科学基金资助出版

情景预见的发展进程与影响因素

刘 岩 著

科学出版社

北 京

内 容 简 介

穿越时空是人类一直以来的探索和追求，但迄今为止，人们只能在小说或影视作品中实现，或者说在自己的头脑中进行时间的旅行。心理时间旅行的过程使个体可以主观地将自我定位到曾经经历过的时间和地点来重新体验自己的过去（情景记忆），或者将自我定位到未来提前体验某个事件（情景预见）。

本书主要关注情景预见的过程，首先描绘了从幼儿到大学生情景预见能力的发生发展轨迹，接着探讨了发展进程中情景预见的影响因素，包括情景建构和与自我相关的能力，之后考察了孤独症谱系障碍儿童情景预见能力的特点，并介绍了相关的干预研究。

本书对时间心理学、特殊教育领域的研究者，以及对相关内容感兴趣的普通读者有一定参考价值。

图书在版编目（CIP）数据

情景预见的发展进程与影响因素/刘岩著. —北京：科学出版社，2018.3
ISBN 978-7-03-056418-4

Ⅰ. ①情… Ⅱ. ①刘… Ⅲ. ①儿童心理学–研究 Ⅳ. ①B844.1

中国版本图书馆 CIP 数据核字（2018）第 012981 号

责任编辑：孙文影　柴江霞 / 责任校对：何艳萍
责任印制：徐晓晨 / 封面设计：陈　敬
联系电话：010-64033934
E-mail：edu_psy@mail.sciencep.com

科 学 出 版 社 出版
北京东黄城根北街 16 号
邮政编码：100717
http://www.sciencep.com

北京建宏印刷有限公司 印刷
科学出版社发行　各地新华书店经销

*

2018 年 3 月第 一 版　开本：720×1000　1/16
2019 年 1 月第二次印刷　印张：14 1/4
字数：225 000
定价：78.00 元
（如有印装质量问题，我社负责调换）

《博士后文库》编委会名单

主　任　陈宜瑜

副主任　詹文龙　李　扬

秘书长　邱春雷

编　委（按姓氏汉语拼音排序）

《博士后文库》序言

1985 年，在李政道先生的倡议和邓小平同志的亲自关怀下，我国建立了博士后制度，同时设立了博士后科学基金。30 多年来，在党和国家的高度重视下，在社会各方面的关心和支持下，博士后制度为我国培养了一大批青年高层次创新人才。在这一过程中，博士后科学基金发挥了不可替代的独特作用。

博士后科学基金是中国特色博士后制度的重要组成部分，专门用于资助博士后研究人员开展创新探索。博士后科学基金的资助，对正处于独立科研生涯起步阶段的博士后研究人员来说，适逢其时，有利于培养他们独立的科研人格、在选题方面的竞争意识以及负责的精神，是他们独立从事科研工作的"第一桶金"。尽管博士后科学基金资助金额不大，但对博士后青年创新人才的培养和激励作用不可估量。四两拨千斤，博士后科学基金有效地推动了博士后研究人员迅速成长为高水平的研究人才，"小基金发挥了大作用"。

在博士后科学基金的资助下，博士后研究人员的优秀学术成果不断涌现。2013 年，为提高博士后科学基金的资助效益，中国博士后科学基金会联合科学出版社开展了博士后优秀学术专著出版资助工作，通过专家评审遴选出优秀的博士后学术著作，收入《博士后文库》，由博士后科学基金资助、科学出版社出版。我们希望，借此打造专属于博士后学术创新的旗舰图书品牌，激励博士后研究人员潜心科研，扎实治学，提升博士后优秀学术成果的社会影响力。

2015 年，国务院办公厅印发了《关于改革完善博士后制度的意见》（国办发〔2015〕87 号），将"实施自然科学、人文社会科学优秀博士后论著出版支持计划"作为"十三五"期间博二后工作的重要内容和提升博士后研究人员培养质量的重要手段，这更加凸显了出版资助工作的意义。我相信，我们提供的这个出版资助平台将对博士后研究人员激发创新智慧、凝聚创新力量发挥独特的作用，促使博士后研究人员的创新成果更好地服务于创新驱动发展战略和创新型国家的建设。

祝愿广大博士后研究人员在博士后科学基金的资助下早日成长为栋梁之才，为实现中华民族伟大复兴的中国梦做出更大的贡献。

中国博士后科学基金会理事长

P序 言
REFACE

　　这本书稿是我的第一个博士后刘岩对自己近 10 年工作的总结。2008 年刘岩博士进站。当时情景预见是国外研究者刚开始热烈讨论的一个研究课题，但国内研究尚处于观望期。源自于对记忆研究的热爱，刘岩博士与我几次讨论修改，将博士后的研究课题定为情景预见的研究。由于我的研究方向是儿童青少年人格发展与教育，我们进一步把研究范围缩小到对发展进程中情景预见的特点和产生机制的研究，如自我与情景预见的关系，该选题于 2009 年获得了中国博士后科学基金的资助。

　　在站期间，刘岩博士围绕这一选题进行了系统深入的研究。研究初期由于没有成熟的研究范式可以参考，研究进展得并不顺利。常常是我们做了大量的尝试，但是只有很少的一部分能发现有价值的结果。刘岩博士经常来到我的办公室，虚心请教，用心钻研。后来，研究慢慢开始步入正轨，也有相关的论文陆续发表。在这个阶段，刘岩博士主要探讨的是幼儿情景预见的发展特点，以及与抑制控制、心理理论、自我控制等能力的关系。出站以后，刘岩博士继续情景预见的研究。此时她开始将研究对象的年龄延伸到儿童青少年，并试图探讨发展进程中关键的影响因素对情景预见作用模式的变化，同时初步尝试研究特殊群体，即孤独症谱系障碍儿童情景预见的缺损特点，并进行干预。这个阶段的研究是非常辛苦的，大量的访谈、转录和编码工作由为数不多的几个人来完成；孤独症的孩子不容易沟通，配合度也不理想，一次评估常常要分成若干次来进行，而干预的实施更是费时费力，有时候效果也不稳定。但是刘岩博士带领她的学生们坚持了下来，对这个课题研究了近 10 年。这期间，该课题还获得了教育部人文社科青年项目、辽宁省教育科学规划和教育厅项目的支持，发表了一批有影响力的学术论文。这本书就是对她这些年研究的一个总结。

该书是国内首部探讨"情景预见"这一前沿领域的专著，刘岩博士不仅对该领域的研究进行了全面的阐述，并在此基础上对自己的研究进行了系统的总结。书中有理论的介绍，有研究方法的描述，还包括应用理论解决实际问题的部分，比如对特殊儿童的干预研究，一些章节后面还提供了相应的教育建议。

虽然取得了一些创新性的成果，但是要想在一个研究领域有一定建树，10年时间还是不够的，希望刘岩博士能够继续秉承坚韧不拔的精神，潜心研究，虚心向同行学习，对这个领域做出更大的贡献。作为一位老师，看到学生积极进取，并取得了很好的成绩是非常欣慰的，同时更希望学生能青出于蓝，在求真的道路上越走越远。

是为序。

杨丽珠

2017 年 9 月于大连

F 前 言
OREWORD

　　穿越时空是人类一直探索和追求的，但迄今为止，人们只能在小说或影视作品中实现，或者说在自己的头脑中进行时间的旅行。根据 Tulving 的观点，回忆过去事件和想象未来事件是通过情景记忆系统相互关联的，该系统使个体能够摆脱当前情境的束缚，将自我投射到过去或者未来（Schacter et al.，2008）。这个"心理时间旅行"（mental time travel）的过程使个体可以主观地将自我定位到曾经经历过的时间和地点来重新体验自己的过去，或者将自我定位到未来提前体验某个事件。也就是说，自我觉知作为跨越时间的连续体参与到人类回溯过去和预测未来的活动中（Arzy et al.，2008；Botzung et al.，2008）。

　　Suddendorf 和 Corballis（1997）提出，心理时间旅行包括两个方面的内容：对与个体有关的过去发生的事件和未来可能发生的事件进行心理上的重构。其中，前者作为回溯的成分接收和存储过去的行为模式和事件，以及这些事件在时间—空间上的关系（Clayton et al.，2003a）；而后者作为前瞻的成分则能够预期未来的需要或动机状态（Suddendorf，Corballis，1997）。记忆研究的重心曾经一直放在对过去事件的回忆上，但越来越多的研究者开始意识到，回溯过去和想象未来是相互关联的。虽然本能上人们自发地趋向即时的、冲动性的行为，但是情景记忆存储了与事件相关的信息并能引导决策行为，心理时间旅行提示人类利用这些信息来选择对未来更有利的行为方式，而人类回溯过去的能力可能只是为了更好地建构未来，也就是说，预期未来事件的能力是情景记忆演化的驱动力（Boyer，2008；Dudai，Carruthers，2005；Suddendorf，Busby，2003）。这个前瞻成分就是情景预见（foresight），是对有关个人的未来事件进行模拟的过程（Suddendorf，Corballis，2007），是心理时间旅行的一部分。而本书探讨的核心概念就是情景预见，包括在不同的发展阶段情景预见的特点、主要影响因素及针对特殊儿童的探讨。

本书第一章从不同的研究视角对已有的相关研究进行了概述，目的是让读者对情景预见的研究背景有一个较为全面的了解。

第二章从个体发生的角度探讨情景预见能力的发生发展模式，为揭示其内部机制、探讨个体差异奠定基础。有研究者提出，儿童在 2 岁左右发展出未来感（a sense of the future），3～4 岁出现模拟和预先体验未来的能力（Atance，O'Neill，2005），计划的能力直到 4～5 岁才会出现（Raby et al.，2007）。但是，有研究发现，4 岁儿童才能够对未来事件进行模拟（Busby，Suddendorf，2005），或者根据未来状态的预期在当前做出相应行为（Suddendorf，Busby，2005），而且这种情景预见能力还会受到儿童当前状态的影响（Atance，Meltzoff，2006）。为了探讨中国幼儿情景预见发生的时间，我们将借鉴国外文献，改进研究方法使其适合中国文化。我们还会进一步考察中国儿童、小学生、中学生及大学生情景预见能力的发展轨迹。因此，第二章的主要目的即描绘出情景预见能力的发展框架，阐明一般的发展规律，为揭示情景预见加工的产生机制奠定基础。

在了解了情景预见能力一般发展规律的基础上，第三章关注影响情景预见加工的关键因素。在儿童三四岁的时候，情景记忆出现了，儿童失忆症消失了。在 3～5 岁，儿童开始对未来和过去的心理状态进行推理（Atance，Meltzoff，2005；Suddendorf，Busby，2005），开始做计划（Atance，O'Neill，2005），能够延迟满足（Mischel H N，Mischel W，1983），能准确地报告昨天和明天的事件（Busby，Suddendorf，2005），能区分过去和未来发生的事件（Suddendorf，Corballis，2007）。那么，情景预见能力与这些心理能力究竟有着怎样的联系呢？有研究采用若干任务测量了 3～5 岁幼儿一系列未来定向的行为，包括心理时间旅行、延迟满足、计划和前瞻记忆（Atance，Jackson，2009）。结果表明，这些能力在 3～5 岁都有明显的发展，也存在显著的相关，但是控制了年龄和表达性语言能力之后，不同指标之间的相关基本消失，表明它们具有各自的独立性。还有研究发现，预期与心理理论激活的脑区存在一定的重叠，包括内侧前额叶和外侧颞叶等区域，这暗示两者可能存在一定的联系（Spreng et al.，2009）。

为了探讨情景预见的关键影响因素，在研究的初期，我们试图考察幼儿的抑制控制和心理理论能力对情景预见发展的可能影响（第三章第一节），检验幼儿的自我控制力（延迟满足）和事件本身的可控性对情景预见的可能作用（第三章第二节）。随着研究的逐步展开，根据已有的研究结果，我们发现，与"自我"相关的能力和"情景建构"（情景记忆的影响和语义记忆的支撑）是影响情景预见的两个重要方面。

其中，自我是心理时间旅行的载体，个体通过主观时间把过去的自我、未来的自我与现在的自我联系起来（隋洁，吴艳红，2004）。D'Argembeau 和 Mathy（2011）的研究发现，一般性的个人知识，尤其是有关个人目标的知识在想象未来时发挥了重要的作用。Shao 等（2010）指出，想象未来的本质与自我在自传体记忆中的作用机制类似（Conway et al.，2004），即情景预见构成并维持自我，而形成的自我接着引导情景预见的构建。自我投射假说认为，个体在过去的基础上将自我投射到想象的未来情景中，应用存储的信息来想象、模拟和预测可能的未来事件（Schacter et al.，2007）。在情景预见的认知加工过程中，自我投射的组织作用保证自我的同一性（Klein，2016）。与"自我"相关的能力在情景预见中的作用已经得到了很多实证研究的支持（Chessell et al.，2014；杨丽珠等，2013；D'Argembeau，van der Linden，2012；Brown et al.，2012；D'Argembeau，Mathy，2011；Shao et al.，2010）。但是，很少有研究关注个体发展中与"自我"相关的能力何时开始对情景预见产生影响，以及在发展过程中其作用模式可能产生的变化。第三章第一节中涉及的抑制控制能力和第二节中涉及的自我控制能力都可以看作与自我相关的一种能力表现。而第三章第三节、第五节和第六节则系统地考察和比较了自幼儿期开始到成年以后，"自我"相关能力在情景预见中作用模式的变化。

情景建构假说则认为，个体在情景记忆的基础上，以情景建构为心理加工机制进行情景预见（Hassabis，Maguire，2007）。情景建构是心理上产生并保持一种连贯的多通道的空间表征的能力，它涉及想象情景的多种元素的整合，包括与声音、气味、感觉、思维、人和客体有关的细节（Lind et al.，2014b）。情景记忆对情景预见的支持作用已经得到了众多行为实验（Brown et al.，2013；D'Argembeau et al.，2008a；Busby，Suddendorf，2005；D'Argembeau，van der

Linden，2004，2006）和神经成像研究（Botzung et al.，2008；Addis et al.，2007；Szpunar et al.，2007；Okuda et al.，2003）的证实。近期又有研究者提出了语义支架假说，认为语义经验等语义知识在个体的情景预见中可能起到支架或者结构框架的作用，在语义框架下，个体将情景材料和语义知识整合到个体的心理时间旅行中，构建未来情景（Lehner，D'Argembeau，2016；Wang et al.，2016）。但是，已有研究很少关注个体的情景记忆对情景预见的影响是从何时开始的，发展进程中作用模式是否稳定，而对语义记忆的支撑作用讨论得更少。因此，第三章的第四节和第五节主要考察了个体在 3 岁至成年的各个发展阶段，情景建构对情景预见的作用是如何体现出来的。第四节还探讨了在幼儿期，语义记忆对情景预见的可能作用模式。

虽然不同章节在探讨情景预见的影响因素时都会有一定侧重，但是我们认为这些影响因素并不是独立起作用的，如情景记忆和语义经验，情景记忆和"自我"在发展过程中可能会产生交互作用影响情景预见。因此，第三章第四节还将对情景记忆和语义经验的关系进行探讨；第五节则会对"自我"相关能力与情景记忆的相互作用模式进行考察。这样的探讨有助于我们理解情景预见能力的本质，以及它在发展过程中所起的作用，同时为探讨可能的神经机制提供线索（Atance，Meltzoff，2007）。

对情景预见的一般发展特点（第二章）和产生机制（第三章）进行考察以后，第四章关注情景预见的个体差异，即特殊儿童群体。有关典型发展（typical development，TD）儿童的研究表明，3 岁幼儿会出现情景记忆的萌芽，4 岁左右儿童情景记忆能力开始发展（Hayne，Imuta，2011）。而孤独症谱系障碍（autism spectrum disorder，ASD）儿童的情景记忆和情景预见能力的发展与典型发展儿童相比存在差异（Lind，2010），他们缺乏自我同一性，回忆过去和预见未来的能力有一定缺损。而这种思考未来行为的困难可能会导致其过度依赖常规，行为缺乏灵活性，从而表现为重复刻板的行为模式（Lind，Bowler，2010）。通过探讨 ASD 儿童情景预见能力受损的机制并对其进行干预和训练，可以提高 ASD 儿童情景预见的能力，使其行为反应更加灵活，进而缓解 ASD 的症状。因此，本书第四章主要探讨 ASD 儿童的心理时间旅行。第四章第一节首先考察了 ASD 儿童心理时间旅行的特点；第二节和第三节试图探讨 ASD 儿童情景预见存在缺损的内部机制，主要从自我投射、情景建构及语义记忆几个方面来考察；第四节和第五节则进一步尝试干预 ASD 儿童的情景记忆，以及与之密切相关的心理理论和共同注意能力。

第五章是对本书研究成果的总结，阐述了情景预见的发展规律和影响因素，并对未来可能的研究方向进行了展望。

综上所述，本书包括五部分内容：第一章对情景预见的研究背景进行了多角度的阐述；第二章探讨了情景预见能力的发生和发展过程；第三章考察了发展过程中情景预见的关键影响因素及其作用模式的变化；第四章关注特殊儿童，主要是 ASD 儿童情景预见能力的特点和可能的影响因素，并进行有效的干预；第五章探讨了情景预见的发展规律、影响因素和未来展望。

刘 岩

2017 年 9 月

C目录
ONTENTS

绪　　论

一、种系发生的研究视角

情景预见能力的出现使个体能够为了提高未来的生存机会而在当前采取行动，这是人类发展史上关键的一步，而且这种能力一直被看作人类独有的一种高级心理能力（Roberts，2002；Suddendorf，Corballis，1997，2007，2008）。根据 Bischof-Köhler 假说，只有人类能够灵活地预期关于自己未来需要的心理状态，并以现在的行动来保证这种需要得以满足，而动物则被束缚在由它们的当前动机状态定义的现在（Hoerl，2008；Suddendorf et al.，2009；Suddendorf，Corballis，1997，2007，2008）。但越来越多的研究似乎证明，非人的动物具有与人类在功能上相似的情景预见能力（Raby，Clayton，2009；Correia et al.，2007；Kaminski et al.，2008；Osvath M，Osvath H，2008；Raby et al.，2007；Roberts，2007；Zentall，2005）。

在物种演化的进程中，非人灵长类，尤其是大猿与人类最为接近。有证据表明，大猿可以为未来做计划。Liberman 和 Trope（2008）提出，工具的制造与发展是人类演化进程中的里程碑，这种行为的出现提示人类可能已经具有了为未来做计划的能力。有研究表明，倭黑猩猩和黄猩猩能够选择、运输和保存适合的工具以备未来（14 小时以后）使用，说明大猿能够依据未来的可能结果在当前采取相应的行动（Mulcahy，Call，2006）。Osvath M 和 Osvath H（2008）基于工具使用的四个实验也证明了黑猩猩和黄猩猩能够为未来的需要克服即时的驱动力，在心理上对未来事件进行预先体验。该组研究者通过自然观察还发现，一只雄性的黑猩猩能够自发地为未来做准备：它会在早晨的时候准备甚至制造石块，中午的时候用这些石块来攻击游客（Osvath M，2009）。也就是说，预见能力的雏形在 1400 万年前（所有现存猿类的共同祖先）可能就存在。而延迟满足能力的研究从另一个角度证实了这一点。研究者发现，倭黑猩猩和黑猩猩（大猿）能够为获取较多食物而等待更长时间（Rosati et al.，2007），但恒河猴（旧大陆猴）很少能够做到（Evans，Beran，2007），这就意味着未来定向的决策能力的内核至少在人类从大猿分化之前就出现了。

除了与人类具有高度基因相似性的大猿外，鸟类（如灌丛鸦）由于环境的要求也发展出了这种能力，它们能够利用过去的信息为未来做打算。Emery 和 Clayton（2001）的研究发现，灌丛鸦会将自己偷食的经历与未来被同伴偷食的可能性联系起来：当被同伴看到藏食过程时，它们会在一段时间后重新藏食，以防被看到的灌丛鸦偷食。同时，它们还会隐藏某些线索（如声音）以防同伴得到它们藏食的信息（Stulp et al.，2009）。此外，灌丛鸦还能够根据藏食的种类和时间来选择取食地点（Clayton et al.，2005）。如果它们储存了坚果和小虫，在藏食后较短时间内更愿意去取小虫，因为新鲜的虫子味道鲜美；如果储存的时间比较长，它们则会去取坚果，因为小虫会在这段时间里腐烂（Clayton et al.，2003）。

但也有研究者提出了其他的可能解释（Corballis，2009a；Suddendorf，Busby，2003）。比如，这种取食行为可能仅仅是客体与地点的联结性学习，或者动物的行为是由当前动机状态而非未来需要所驱动的，并不是预见能力的表现。相关研究者从不同角度对这些质疑进行了回应（Clayton et al.，2003b；Correia et al.，2007；Raby et al.，2007）。Correia 等（2007）通过控制灌丛鸦的饱食状态来分离当前和未来的动机状态。结果表明，灌丛鸦在已经处于饱食状态下时，为了防止以后的饥饿而提前几小时甚至一天时间来储存松树种子，说明在当前动机状态和即时需要与未来需要相背的时候，灌丛鸦能够在当前做出对未来有益的行为。Raby 等（2007）的研究已表明，灌丛鸦能够自发地为未来做计划，而不受当前动机状态的影响。

实际上，预见能力究竟是人类独有的，还是在某种程度上与其他物种共有，这是人与动物心理能力连续性与非连续性争论的一个缩影。有研究者明确支持和强调这种所谓的高级心理能力的灵活性，认为它是新近演化的，为人类所独有（Suddendorf，Corballis，2007）。而另一派则致力于消除比较研究中的所谓双重标准，通过设计实验、收集证据来证明，动物和人类一样，也具有为未来做计划的能力（Clayton et al.，2008）。但总的趋势是，研究者愿意采取更加谨慎的态度，在承认非人的动物具有一定的未来定向能力的同时，强调其与人类预见能力的本质区别（Raby，Clayton，2009；Roberts，2002，2007；Roberts，Feeney，2009）。

二、个体发生的研究视角

（一）情景预见能力的发生发展

如果说对不同物种的考察和比较是在逐步澄清预见能力种系发生的脉络，那么对人类儿童的相关探讨就是从个体发生的角度描绘和解释预见能力的发生发展轨迹。对于情景预见能力发生发展过程的考察，研究者在早期通常使用言语范式，也就是要求被试口头叙述过去和未来的事件（Lind et al.，2014b；Quon，Atance，2010）。后来，研究者发现，对于儿童，尤其是较小的儿童，言语能力常常会制约其在情景预见任务中的表现，所以非言语范式的设计就显得十分必要。现在研究中常用的非言语范式主要是在 Tulving 的 3W（what-where-when）标准和勺子测试（spoon test）范式的基础上发展而来的项目选择任务（item-choices task）及双房间任务（two-rooms task）（Atance，Sommerville，2014；Newcombe et al.，2014；Scarf et al.，2013；Hayne，Imuta，2011）。

Busby 和 Suddendorf（2005）采用访谈法探讨了 3~5 岁儿童回忆过去和想象未来的能力。研究要求儿童回答 4 个问题："你能告诉我你昨天做过什么吗？""你能告诉我你昨天没做什么吗？""你能告诉我你明天要做什么吗？""你能告诉我你明天不要做什么吗？"然后，根据父母的反馈评估答案的正误。结果发现，4 岁左右的儿童才能准确回答"昨天做过什么""明天要做什么"的问题。Quon 和 Atance（2010）对提问的线索进行了进一步限定，指向某个事件发生的具体时间，如"你昨天晚上睡觉前都做了什么事情？""你下次去超市要做什么事情？"等。结果表明，3 岁儿童叙述事件已经具有一定的准确性（63%）。也就是说，特定事件提供的具体线索能够促进儿童在心理时间旅行中产生更准确的细节。言语范式的优点在于可以从个体的叙述中直接获取各类信息，信息数量多而且丰富，对叙述文本的编码和统计有助于对相关信息的深度挖掘。但是幼儿尚未完全获得应用规范的语言规则来叙述事件的能力（Suddendorf, Busby, 2005），言语范式得到的结果会受到儿童语言发展水平的影响。

此时，有研究者开始设计非言语范式来考察幼儿的情景预见能力。Tulving 构思的经典勺子测验就成为其中的一个范本，该范式来自 Tulving 讲述的一个关于爱沙尼亚小女孩的故事。某天晚上，小女孩做梦去参加一个朋友的生日聚会，聚会为客人准备了美味的巧克力布丁，这是小女孩最喜欢的点心。但是聚会中的每个人要自己准备吃点心的勺子，而小女孩并不知晓，所以没有勺子的她只能看着别人吃美味的食物。于是，第二天晚上，为了避免尴尬的经历重现，小女孩入睡前在自己的枕头下放了一把勺子（Scarf et al., 2014）。小女孩在枕头下放勺子的原因有两点：首先，她重新想起和经历了前一天晚上的梦境；其次，她能够预见未来情景，并为此采取相应的行动。在该故事中，情景记忆和情景预见实现了完美的连接。

根据这个勺子测验，研究者设计了双房间任务来考察何时儿童才能够根据对未来状态的预期而在当前做出适应性的选择（Suddendorf, Busby, 2005）。实验场景分别在空房间（只有一个拼图游戏板）和活动房间中进行。短暂的热身后，实验者把儿童带到空房间里，向儿童介绍这个房间是"狮子王"的房间，并让儿童看张贴在房间墙上写着"狮子王"的海报，接着解释拼图板的用途。2 分钟后再到活动房间，让儿童玩与实验目的无关的游戏。5 分钟后呈现 4 个选项（包括拼图零件和 3 个干扰物品），要求他们辨明每个物品，并选择一个带到刚才的空房间里。实验者会问儿童："你还记得狮子王的房间吗？我们现在要去狮子王的房间玩耍，你可以从这 4 个物品中选一个带去，你要选哪个呀？"实验还设置了控制条件（程序与实验组相同，但是空房间里没有拼图板）用来排除儿童由于喜欢拼图零件而做选择的可能性。结果表明，4 岁组和 5 岁组的幼儿在实验条件下选择拼图零件的次数显著高于控制条件，而 3 岁组幼儿的选择没有出现显著差异，说明 4 岁以上的儿童才能够为了避免未来的无聊而在当前做出正确的选择。后来，很多同类研究都采用了这一范式，得到的结果也相对一致，都表明儿童在 3 岁时情景记忆和情景预见能力较弱，很难通过项目选择测验，但到 4 岁时该能力便有显著提高，而 5 岁儿童在完成基础的心理时间旅行任务时已表现得相当好（Cuevas et al., 2015; Atance, Sommerville, 2014; Russell et al., 2010）。

以上研究表明，4 岁左右的儿童开始能够想象未来，并根据未来可能的状况在当前表现出适宜的行为。那么幼儿是如何做出这种预期的呢？很多研究表明，对于成人而言，想象未来的基础是个体过去的经验（Schacter et al., 2008）。幼儿何时才能具有根据过去思考未来可能的情绪和行为的知识呢？Lagattuta（2007）对 3～6 岁儿童进行了考察。研究中，首先给被试讲故事，故事中的主角会经历一些负性的事件。一段时间以后，当主角看到与之前的负性事件有关的人或物时，要求被试回答故事中的主角是否会感到焦虑，并改变自己的行为。如果儿童能够预期到由于与伤害有关的人或物的出现，主角经历过的负性事件可能会重演，并以此解释主角的反应，就说明他们具有通过过去预期未来的能力。结果表明，4 岁儿童才开始具有根据过去思考未来可能的情绪和行为的知识，并且随着年龄的增长，正确反应的频率会越来越高。

虽然 4 岁儿童已经开始展现出一定的预见能力，能够根据过去的经验对未来做合理的推测和计划，但有研究表明，他们为未来所做的选择还是会受到当前愿望的误导（Atance, Meltzoff, 2006）。实验以 3～5 岁幼儿为研究对象，分成干预情境和基线情境。在干预情境下，儿童边听故事，边吃椒盐饼干（导致口渴）。12 分钟后，主试将剩余的椒盐饼干拿走，让儿童完成其他的任务。10 分钟后，让儿童在水和椒盐饼干之间做选择。在基线情境下，除了不给幼儿吃椒盐饼干外，其余程序相同。接下来，干预情境和基线情境中一半的儿童为未来做选择：主试询问儿童明天做游戏的时候，他们是想吃椒盐饼干还是喝水。而另一半儿童为现在做选择：现在想吃椒盐饼干还是喝水。最后，主试会给儿童一些水来看看他们是不是真的口渴了。研究结果表明，在两类基线情境中大部分儿童的选择都是椒盐饼干，表明他们在不渴的状态下，更喜欢吃椒盐饼干。而在干预情境下，无论是为现在还是为明天做选择，很多 3～5 岁的儿童都会选择水。也就是说，由于受到当前需要（口渴要喝水）的误导，儿童无法预期到明天会更想要椒盐饼干。而儿童当前的状态之所以会影响他们为未来所做的选择，可能是因为他们在试图想象自己在一种不同于当前的状态时产生了一定的困难（Atance，2008）。还有研究者进一步考察了 3 岁、7 岁、8～13 岁的儿童及成人在这项任务上的表现（Kramer et al.，2016；Mahy et al.，2014）。结果发现，无论在哪个年龄段，参与者在预测未来选择时都会受到当前状态（渴）的误导而更多地选择水。

综上所述，4 岁儿童能够对未来事件进行模拟（Busby，Suddendorf，2005），或者根据对未来状态的预期在当前做出相应行为（Suddendorf，Busby，2005），但是这种预见能力会受到儿童当前状态的影响〔Atance，Meltzoff，2006）。

（二）情景预见与其他未来定向能力的关系

计划是一种典型的未来定向的心理能力。在研究的早期，研究者使用找寻任务（儿童需要计划如何使两点间的距离最短，从而尽快得到一系列物品）和路线计划任务（儿童需要尽可能有效地在一个模型杂货店里拿到特定的物品，或者计划如何通过一个迷宫）来考察儿童的计划能力。也有研究采用了更加现实的情境：要求儿童为熟悉的事情做计划，如去海滩或者杂货店。但考察计划能力最常使用的还是汉诺塔（tower of Hanoi）任务，也就是要求儿童以一种特定的顺序将盘片从一个轴柱移动到另一个轴柱上，直到达到某个规定的终止状态。采用这些不同的任务对儿童计划能力的考察得到了相似的结果：3～5 岁幼儿的计划能力有显著提高（Carlson et al.，2004），5 岁儿童才能完成计划任务（McColgan，McCormack，2008）。而年长儿童则更多表现出提前准备的意图，使计划更为灵活，他们不仅会说明如何弥补一个意外事件的发生（如忘记带食物去海滩），还会想到如何阻止这种事情再次发生（Atance，Meltzoff，2005）。但计划能力在本质上与情景预见能力不同。计划能力包含很多成分，如问题表征、目标选择、策略选择、策略执行和策略监测等，远远超出了思考未来本身。

也就是说，个体可能可以想象将自己投射到未来事件中（如去海边会发生什么），但不一定具有为这个事件做计划的能力（如做个去海边玩的计划）（Atance，Meltzoff，2005）。

延迟满足也是一种未来定向的心理能力（Mischel W et al.，1989），是指一种甘愿为更有价值的长远结果而放弃即时满足的抉择取向，以及在等待期中展现的自制能力，是一种心理成熟的表现。有研究发现，4 岁和 5 岁的儿童与 3 岁儿童相比更多地选择延时选项，以获得更大的奖励（Moore et al.，1998）。同时，也有研究表明，延迟满足能力的个体差异是相对稳定的，并有一定的神经基础（Berman et al.，2013）。延迟满足能力强的 4 岁儿童到了青春期以后，父母评价他们比那些儿时延迟满足能力差的同龄人具有更好的计划性和前瞻性（Mischel W et al.，1988），这些儿童在 30 年以后体重指数更低（Schlam et al.，2013）。同时，该测验的成绩对儿童以后的社会、认知发展和心理健康水平有显著的预测效力（Mischel W et al.，2011）。延迟满足的前提是儿童必须能够表征未来的自我，而且能够预期到一段时间后会拿到更多的奖赏，这比现在的奖赏更诱人，这就涉及情景预见能力。除此之外，延迟满足任务还增加了难度，儿童必须首先抑制得到即时奖赏的愿望，才能选择延迟的奖赏，这与情景预见常用的项目选择任务相比更多地涉及个体"热"的情感动机系统（Metcalfe，Mischel W，1999）。而考察情景预见能力的椒盐饼干任务需要被试为未来做选择时要抑制当前口渴的状态（Atance，Meltzoff，2006），也与"热"的情感动机系统有关（Mahy et al.，2014）。有研究发现，对于"热"线索的敏感程度在个体抑制对该刺激的行动时发挥重要作用（Casey et al.，2011）。总之，情景预见和延迟满足可能涉及共同的认知加工过程。

三、认知神经科学的研究视角：认知机制

（一）戏剧舞台创作模型

Suddendorf 和 Corballis（2007）受莎士比亚戏剧舞台模式的启发提出心理时间旅行的戏剧舞台创作心理机制。他们认为，心理时间旅行包括舞台（stage）、

演员（actor）、背景（set）、导演（director）、执行制片人（executive producer）和广播员（broadcaster）等组成部分，人类要想获得和实现心理时间旅行这种认知功能，这些部分缺一不可，只有这些部分相互作用、协调合作，人们才能基于现在，以过去为基础更好地预见未来。

戏剧舞台创作模型从宏观的角度解释了心理时间旅行的认知加工机制。后来的研究者对这个宏观的框架进行了细化和深入。

（二）自我投射假说

自我投射假说认为，将自我投射到过去，个体便形成情景记忆，将自我投射到未来，个体便会在头脑中形成关于未来事件与行为的情景预见（Buckner，Carroll，2007）。换句话说，自我投射需要个体在过去的基础上将自我投射到想象的未来情景中，应用存储的信息来想象、模拟和预测可能的未来事件（Schacter et al.，2007）。在情景预见的认知加工过程中，自我投射的组织作用保证了自我的同一性（Klein，2016）。

（三）情景建构假说

1. 情景记忆在情景预见中的作用

Hassabis 和 Maguire（2007）提出，个体在情景记忆的基础上，以情景建构为心理加工机制进行情景预见。他们认为通过情景建构能够产生并保持一个复杂连贯的情景和事件，将储存在各种特定感觉通道皮层中的相关信息提取整合到一起，形成一个可操控、可视的具有空间一致性的背景。在这个背景下建构、整合各种视觉表象，分离和联结多通道元素，重新创造出一个整体的事件，其中包括语境的细节信息，如声音、气味、视觉输入信息、人物、物体、主体及其活动。情景建构不同于简单的视觉表象，它体现了情景元素之间灵活的关联和整合（Hassabis，Maguire，2009）。

研究表明，情景记忆和情景预见会激活一个共同的核心区域，包括海马和前额叶皮层（Rasmussen，2013）。海马主要负责获取和联结外界的信息，海马的不同区域可能负责收集和联结不同的刺激元素（Persson，Soderlund，2015），从而为情景记忆和情景预见提供情景建构的原材料。前额叶皮层可能在选择、评估和整合等方面起着重要的补偿作用（Squire et al.，2010）。

2. 语义记忆在情景预见中的作用

情景记忆在情景预见中发挥着独特的作用，除此之外，语义记忆对情景预见也有贡献（Irish，Piguet，2013；Duval et al.，2012）。情景记忆接收和储存过去发生的并且存在时空关联的情景事件；语义记忆则通过对感知通道接收到的信息进行认知加工而形成抽象概括化的知识，并将其储存和组织，形成一整套个人化的知识体系（Tulving，1972）。有研究者提出了语义支架假说（semantic scaffolding hypothesis），来解释语义记忆在情景预见中的作用。语义支架假说认为，语义知识为提取过去信息和预见未来提供一个框架或者支架，在这个框架下，情景片段得以组织和建构，促进情景记忆的提取和情景预见的产生（Irish，Piguet，2013）。

在情景预见中，语义框架的产生和背景信息的建构可能与左侧颞下回和双侧颞极有关（Irish et al.，2012a，2012b）。对语义痴呆患者的研究发现，该患者的近期情景记忆相对完好，自传体语义记忆和语义知识受损，情景预见能力也受损（Hsiao et al.，2013），说明语义记忆在想象未来的过程中可能发挥着作用，为语义支架假说提供了证据。

3. 情景记忆与语义记忆在情景预见中的交互作用

既然情景记忆和语义记忆都对情景预见的产生有影响，那么二者的作用是相互独立还是存在关联呢？有研究者提出，情景记忆和语义记忆对情景预见的贡献并不是相互独立的，两者在编码和提取上都存在关联。在编码阶段，个体通过对情景记忆的抽象概括形成语义记忆，语义记忆也对情景记忆进行内容补充；在提取阶段，情景记忆为语义记忆的提取提供一种有组织的策略或者一条高效的获取路径来建构情景预见，而语义记忆为情景记忆中的情景元素提供建构支架来将其放置在一个特定的背景下形成情景预见。这就体现出情景记忆和语义记忆在情景预见的形成过程中的交互作用（Greenberg，Verfaellie，2010）。

4. 来自神经心理学的证据

对于情景记忆和语义记忆在情景预见中的作用模式，一些实证研究已经进行了探讨，但是由于二者的分离存在一定困难，所以相关的研究成果并不多，模式也不太清晰。近期，神经心理学中对语义痴呆患者和阿尔茨海默病患者的比较研究也许能够为解决这个问题找到切入点。

语义痴呆患者在重新激活提取一般事实和语言表达上能力不足，随着病情的发展，语义记忆受损严重，但是近期的情景记忆却相对完好（Markowitsch，Staniloiu，2012）。而阿尔茨海默病患者恰好相反，他们的情景记忆严重受损，但是语义记忆只表现为轻微受损。Irish 等（2012a）的研究发现，阿尔茨海默病患者在情景记忆和情景预见上都存在缺陷，说明情景记忆在情景预见的形成过程中发挥着重要作用；而语义痴呆患者虽然保存着相对完好的近期情景记忆，但是在提取和建构与自我相关的未来事件时却存在明显的缺陷。也就是说，即使情景记忆没有受损，情景预见也会受损，说明语义记忆缺损可能造成患者的情景预见受损。该结果表明，情景记忆和语义记忆的缺损都可以导致情景预见出现障碍。

那又如何证明二者的作用不是相互独立的，而是有密切联系的呢？有研究者分析，对于阿尔茨海默病患者来说，情景记忆的缺陷使情景预见能力受损，由于语义记忆也是源于对以往经验进行抽象、提取和概括的过程，所以情景记忆受损也会相应导致语义记忆受损，使得语义记忆不能对情景预见起到辅助作用（Binder，Desai，2011）。而语义痴呆患者本身语义记忆严重受损，但是保存相对完好的近期情景记忆为什么没有使对未来的情景预见能力有所保留呢？可能的解释在于，虽然患者的近期情景记忆完好，但是远期情景记忆却相对受损，这就使得远期情景记忆和可由远期情景记忆一般概括而来的语义记忆都无法获得。同时，在患者进行情景预见的过程中，近期情景记忆内容更多的是被患者重述，而不是在未来情景上进行重新建构与组合。患者在未来情景预见的建构上无法动态地更新和利用已有的情景信息，所以在这个环节上，近期情景记忆未充分发挥其作用。

除了对已有研究结果的分析和推理，还有研究提供了更直接的实验数据来支持语义记忆和情景记忆在情景预见中的交互作用假说。研究考察了语义痴呆患者在回忆过去事件与预见未来事件时对内部心理细节信息和外部无关信息回忆及建构的情况。结果发现，在情景事件的内部细节加工上，回忆过去显著地好于预见未来，尤其语义痴呆患者在过去事件与未来事件加工上的差异水平是正常被试的 3 倍；而在外部无关情景信息的加工上，语义痴呆患者在额外事件和额外语义信息上的预见未来的成绩显著地好于回忆过去的成绩（Irish et al.，2012b）。这说明，只是能够成功地从过去情景记忆中抽取出情景元素并不能保证成功地完成新的情景预见，还需要相关的语义信息来提供支架将储存的有关情景信息整合起来形成情景预见；否则，部分情景元素就会因为缺少语义框架的支持而成为无用的额外信息。

总之，在个体情景预见的形成过程中，情景记忆起着重要的作用，但是语义记忆的作用也不容忽视。个体通过感觉、动作和情感等途径获取信息，这些信息通过抽象概念化的加工过程在人脑中形成语义知识（Abraham，Bubic，2015），形成后的语义知识在情景预见中既作为建构材料，又为联结组织零散的情景元素提供框架结构，也就是说，语义记忆在情景预见形成过程中可能与情景记忆合作发挥作用。

（四）建构–情景–模拟假说

建构–情景–模拟假说（constructive-episodic-simulation hypothesis）是由 Schacter 和 Addis（2007a，2007b）提出的。该假说认为，人们利用记忆中的信息来模拟未来事件，但这些预期并不是对过去事件的精确复制，而是根据建构的原则进行加工：个体提取过去事件的元素和要点，将其重新组合成从未发生过的想象事件。该假说强调了两点：一是个体过去的经历是其预见未来基本信息的来源和重要基础；二是个体对未来事件的模拟具有重构性，是对记忆信息进行重新组合的过程。而这两点都得到了一些行为实验的支持。

对于过去事件在预见未来事件中的作用，研究者分别从不同角度对其进行了证实（D'Argembeau，van der Linden，2004，2006；Spreng，Levine，2006）。D'Argembeau 和 van der Linden（2004）要求被试在头脑中"重新经历"（回溯）或者"提前经历"（预期）近期或者远期的事件，然后评价这些事件的现象学特征。结果发现，无论是过去还是现在，近期的事件表征包含更多的知觉和情景细节，产生更强烈的体验。也就是说，时距对回忆过去和想象未来所产生的主观体验有着相似的影响。接着，研究者又从个体差异的角度进行考察，如果情景记忆和情景预见存在相似的认知加工机制，在想象未来时也应该发现回忆过去时存在的个体差异（D'Argembeau，van der Linden，2006）。研究结果验证了这一假设，无论是回忆过去还是想象未来，视觉想象力高的个体会体验到更多的视觉及其他感觉上的细节，而习惯性地使用抑制调节情绪的个体则会体验到较少的知觉、情景和情绪细节。以上研究显示，某些因素对回忆过去和想象未来的影响是相似的，但这只能说明两者可能具有一些相似的特点。如果以此推论情景预见的内容来源于个体过去经历的事件，显然是不够充分的。Szpunar 和McDermott（2008）的实验结果则在此基础上给出了更有说服力的证据。他们的研究要求被试（大学本科生）分别在熟悉的环境（如家）或陌生的环境（如丛林）下，近期（如大学）或远期（如高中）经历过的情景下想象未来一周可能发生的事情。显然，被试在熟悉或近期经历过的情景中拥有丰富的可利用的个人经验，而在陌生或远期经历过的情景中拥有的个人经验很少，或者很模糊。如果被试在信息丰富的情景下对未来的想象更加具体生动，主观体验更强，则表明被试在建构个人未来事件时会采用记忆中的信息，实验结果证实了这一假设。

虽然情景记忆在个体建构未来事件时发挥着重要的作用，但是情景预见有其独特的加工过程（Bar，2009；Hassabis，Maguire，2009）。Berntsen 和 Jacobsen（2008）的日记研究发现，与对过去的回忆相比，对未来的想象包含更多积极生动的表征。还有研究对情景预见的影响因素进行了探讨，其中最为系统深入的是时间距离的远近对个体想象未来的影响（Trope，Liberman，2003）。根据建构水平理论（construal level theory，CLT）（Liberman，Trope，2008），对较远未来事件的预期是一种高水平的建构，它是抽象的、纲领性的，抽取了已有信息中的精髓，是去情境化的表征；而对近期未来事件的预期则是一种低水平的建构，它是具体的、相对没有组织的，包含事件下属和次要特征的情境化表征。由于高水平的建构抓住了事件的核心特征，能够随时间距离的延伸相对保持不变，所以时距较远的事件会被以一种更抽象的形式进行表征，使得跨越时间距离的预测成为可能。有研究采用词汇分类任务证实了时间距离对预期内容抽象程度的影响（Liberman et al.，2002）。在研究中，让被试想象将要发生在近期或者较远未来的情景（如野炊），并将一组相关的物品（帐篷、球、打气管）归入他们认为合适的组里。结果表明，被试在想象较远发生的未来情景时，较少地将这些物品归入其中，同时每个种类也更加一般和概括。也就是说，时间距离的增加会促进更抽象的概念的使用。

因为对较远发生的未来事件进行的高水平建构过于抽象，包含较少的偶然和情景因素，所以人们做计划时很容易忽略一些细节，降低判断的准确性（Liberman，Trope，1998）。Gilbert 和 Wilson（2007，2009）提出，个体在模拟未来事件时有如下特征：①常常会采用非常态的事件和近期的事件，而不是平时经常发生的事件；②会忽略事件中非重点的特征，而且越遥远的未来事件越可能以一种高水平的、抽象的和简单的方式进行建构；③倾向于表征未来事件早期的状况，容易忽略后面发生的状况；④常常忽略现在和未来存在的情景差异，但是当被鼓励去考虑相关的情境因素时，他们的预期会变得更加准确。有研究发现，个体在预期未来的情感反应时对可参考信息源的选择存在误区：与掌握某个社会事件本身的信息相比，当个体知道自己的朋友对这个事件如何反应时，他们能够更准确地预测自己对这个未来事件的情感反应，但是人们常常不相信这一点（Gilbert et al.，2009）。

四、认知神经科学的研究视角：神经基础

无论从种系发生还是个体发生的视角，都可以看到情景预见能力重要的演化意义。而这种高级心理功能的物质载体就是人类的大脑。大脑的一个重要功能就在于用已经储存的信息去想象、模拟和预测未来可能发生的事件，有研究者称之为"前瞻的大脑"（prospective brain）（Schacter et al.，2007；Dudai，Carruthers，2005）。

（一）内侧颞叶

人们对海马结构在记忆过程中所发挥的重要作用已经有了系统而深入的

探讨。Okuda 等（2003）采用正电子发射断层扫描术（positron emission tomography，PET）发现，包括右侧海马和双侧海马旁回在内的内侧颞叶及前额叶的部分区域，在被试描述过去和未来事件时均被激活，并且时距（长或短）对神经活动的影响在过去和未来事件上具有相似的模式。Botzung 等（2008）采用空间分辨率更好的功能性核磁共振成像（functional magnetic resonance imaging，fMRI）技术，要求被试根据呈现的线索词，回忆过去一周已经发生的事件或想象未来一周将要发生的事情。结果发现，过去和未来事件的情景性模拟在大脑皮层激活了相似的神经网络，包括楔前叶、内侧颞叶、内侧前额叶和腹外侧前额叶。

Addis 等（2007）的研究也得出了相似的结果。当被试根据线索词（如聚餐）想到某个过去或未来的事件时，视觉区域的后部和左侧海马被激活；当被试尽可能多地报告有关这个事件的细节信息时，除了内侧颞叶（海马、海马旁回）和前额叶，扣带回的后部和压后皮质也参与其中。Addis 和 Schacter（2008）对以上研究进行了进一步的参数分析。结果发现，左侧海马后部对组成过去和未来事件的细节数量有反应；同时，未来事件发生的时间越远，双侧海马的活动就越活跃。也有研究证实，双侧海马损伤的患者在想象新事件时缺乏空间一致性，对环境的知觉不是整体的表征，而是一些想象的碎片（Hassabis et al.,2007b）。

综上所述，大脑可能存在一个特异性的核心神经网络来支持回忆过去和想象未来的活动，包括前额叶和内侧颞叶，尤其是海马和海马旁回（Eichenbaum，Fortin，2009；Schacter，Addis，2009a），还包括扣带回后部和压后皮质的后部区域（Schacter，Addis，2009b；Spreng et al.，2009；Schacter et al.，2008）。其中,海马结构可能为一个事件中不同元素的组合提供了空间背景（Hassabis et al.，2007b），遥远的事件包含更加分散的细节，要将这些细节整合为连贯的未来情景模拟需要进行大量的关系加工，因此引发了海马结构更为强烈的激活（Addis，Schacter，2008）。前额叶在为过去和现在提供内部联结方面发挥着尤为重要的作用（Corballis，2009a；Stuss，Levine，2002）。但无论是海马还是前额叶的部分区域，都只是与一般的想象过程有关，而非特定参与情景预见的脑区（Addis et al.，2009）。

（二）额极

如前所述，大脑可能存在一个特异性的核心神经网络来支持回忆过去和想象未来的活动，它会根据事件发生的时间启动不同的神经程序。有研究表明，与过去事件相比，未来事件的模拟会在额极和颞叶的一些特定区域产生更强的激活（Okuda et al.，2003）。同时，相对于过去事件的细节，右侧额极对未来事件细节的生成激活更强，说明这个脑区可能特异性地与前瞻性思考有关（Addis，Schacter，2008）。还有研究不仅强调了额极在未来事件情景模拟时的作用（Szpunar，McDermott，2008；Addis et al.，2007），还指出了重构的过程与双侧额上回活动之间的联系（Abraham et al.，2008）。Schacter 和 Addis（2007a）指出，过去和未来事件的模拟都需要从记忆中提取信息，但只有未来事件的模拟需要从各种过去发生的事件中收集细节，并将其灵活地重组成一个崭新的未来事件，或许这就是在此类任务中这些脑区激活更强的原因。

（三）边缘系统与腹内侧前额叶

当面临有关未来事件的决策时，大脑皮层模拟出未来可能发生的事件，诱导皮质下系统产生相应的情绪情感，提前感受那些事件带来的欢喜和痛苦，而边缘系统在与情绪相关的活动中发挥了重要的作用。根据 Gilbert 和 Wilson（2007）的总结，中脑多巴胺神经元的活动编码关于未来事件快乐强度的信息，对未来快乐事件的模拟激活了皮层下结构，如伏隔核及腹侧纹状体的前部；对未来痛苦事件的模拟激活了杏仁核和/或腹侧纹状体后部。而"预先体验情感"主要依赖于腹内侧前额叶，此部位损伤的患者很难预测未来事件的情绪后果（Bechara，Damasio，2005）。fMRI 研究也表明，与想象近期的未来事件相比，想象较远发生的未来情绪事件时，腹内侧前额叶的前部激活更强烈，而尾状核在被试想象近期的未来情绪（特别是积极情绪）事件时会被激活（D'Argembeau et al.，2008b）。

（四）默认网络

还有研究发现，支持情景预见的神经网络与默认网络存在大量重合，包括内侧前额叶、内侧颞叶、颞顶联合区、后扣带回和楔前叶，并且默认网络中相应脑区之间的功能连接可能支持回忆过去事件和想象未来事件（Ostby et al.，2012）。新近的研究发现，默认网络前部在被试思考他们的当前状态时优先被激活，而默认网络后部在被试思考他们的未来情景时优先被激活，同时，默认网络前后部分之间的联结强度在被试想象与自己相关的未来情景时会显著下降或者减弱（Xu et al.，2016）。

（五）其他脑区

除了内侧颞叶和额极等脑区参与到回忆过去和想象未来的加工过程中，还有研究发现，枕叶也存在相似的激活（Addis et al.，2009；Szpunar et al.，2007），而这些区域在回忆先前面对的视空间情景时也发挥了重要作用，说明被试似乎是把未来事件的情节放到已知的视空间情景中。另外，Szpunar 等（2007）的研究发现，被试在想象未来时，左外侧前运动皮层、左侧楔前叶和右侧小脑的后部等脑区的激活强度高于回忆过去时，而这些区域似乎与身体运动的模拟和想象有关。他们推测，想象未来和回忆过去的差异似乎在于对模拟身体运动的脑区的需求不同。

还有研究者提出了想象未来背景下的心理空间脑网络模型，从时间距离、社会距离和空间距离三个维度来考察想象未来的神经基础（徐晓晓等，2015），对想象未来事件的脑区做了更为细致的定位。

五、应用与干预的研究视角

情景特异性诱导（episodic specificity induction，ESI）是一种基于认知访谈，对回忆过去的经验细节进行简短训练的方法（Madore et al.，2014）。研究中，被试首先观看一个 2 分钟的日常生活场景的视频，主试要求被试采用心理表象的方法，在脑海中依次形成一幅关于视频的环境、人物和动作的图画，然后尽可能详细地告诉主试他们记得的视频中的一切细节。Madore 和 Schacter（2014）使用情景特异性诱导作为干预手段，提高了老年人回忆过去和想象未来的情景细节数量。Madore 等（2014）的研究在情景特异性诱导之后，让被试完成记忆、想象和图片描述三个任务。结果发现，与控制组相比，情景特异性诱导选择性增加了年轻人与老年人记忆和想象任务的内部细节数量（与主要事件有关的细节），而对外部细节的数量（与主要事件无关的细节）无显著影响。相似地，Madore 和 Schacter（2016）也发现被试在情景特异性诱导后，在回忆和想象任务上生成的内部细节数量比控制组有显著提高，说明情景特异性诱导的确能够增加回忆和想象任务的情景特异性。

已有研究表明，情景特异性诱导增加了未来体验的情景模拟的内部细节数量。还有一系列研究发现，情景特异性诱导能够促进一些受益于情景模拟的认知任务的表现，如问题解决和发散思维等。

一方面，有研究发现，情景特异性诱导能够提高问题解决的成绩。Sheldon 等（2011）研究了开放式结局的社会问题解决。在他们的实验中，要求年轻人、老年人、颞叶癫痫患者检索和重组情景细节来生成适当的解决问题的方案，这些问题包括结交新朋友、找到一个手表和吸引潜在的伙伴。结果发现，老年人和癫痫患者报告的解决方案与年轻人或健康控制组相比较少，老年人和癫痫患者提供的解决方案的细节也比年轻人少。采用情景特异性诱导的方法，Madore 和 Schacter（2014）发现，与控制组相比，情景特异性诱导增加了老年人和年轻人解决问题时产生的相关步骤的数量，他们的解决步骤中包含了更多的情景细节，但不会影响被试生成的不相关的步骤数。该结果再一次说明，情景特异性诱导具有一定的选择性，只会增加与主题有关的情景细节。同时，该研究还发现，方法—目的类型的问题解决任务中包含了情景检索的过程，这就拓展了情景特异性诱导影响的任务范围。更重要的是，该研究表明，老年人也可以像年轻人一样，通过情景特异性诱导来优化其在问题解决中的表现。近期，在对心理健康的研究中，研究者也发现了情景特异性诱导的相似作用（Jing et al.，2016）。

另一方面，Madore 等（2015，2016a，2016b）的研究还表明，情景特异性诱导和创造性思考（发散性思维）之间存在一定关联。例如，在考察发散性思维的任务中，与情景记忆相关的脑区也有激活（Beaty et al.，2016）。还有证据表明，发散性思维的得分与老年人和年轻人想象未来时生成的内部细节数量呈正相关（Addis et al.，2010；Madore et al.，2016a）。应用情景特异性诱导的方法，研究者发现，被试在非常规用途任务（即对常见的物品，如报纸，尽可能报告出更多新异的具有创造性的用途，是发散性思维的经典研究范式）中报告的数量比控制诱导组多（Madore et al.，2015，2016a）。另外，Madore 等（2016a）的研究还发现，情景特异性诱导也能改善被试在后果任务（即提供不可能的新异场景，如有一天人们失去了读写的能力，或者有一天人们有了翅膀会飞，要求被试尽量多地列出可能出现的后果，是发散思维的另一个研究范式）中的表现。总之，以上研究结果证实了情景特异性诱导的确有助于增强个体的发散性思维能力。

第 二 章

情景预见的发展进程

第一节

幼儿情景预见能力的发生发展

心理时间旅行是个体主观地将自我定位到曾经经历过的时间和地点来重新体验自己的过去，或者将自我定位到未来提前体验某个事件的过程（Arzy et al.，2008）。其中前瞻的成分就是情景预见过程。有研究者提出，个体的成功与否在很大程度上由情景预见能力的高低决定（Suddendorf et al.，2011）。近年来，很多研究者从不同的角度对情景预见过程进行了考察，包括从认知神经科学的角度揭示情景预见过程的认知机制和神经基础，从比较心理学的角度探讨情景预见能力的种系发生图谱，从发展心理学的角度考察情景预见能力的发生发展状况，等等（刘岩等，2010）。

其中，对情景预见能力发展进程及其特点的研究受到了很多研究者的关注（Suddendorf et al.，2011；Grant，Suddendorf，2010；Perner et al.，2010；Quon，Atance，2010；Russell et al.，2010；Atance，2008）。Busby 和 Suddendorf（2005）的研究要求儿童回答有关过去和未来的问题，其中包括"昨天发生了什么"和

"明天会发生什么"。在第一个实验中，父母坐在儿童身后，通过非言语的动作告诉实验者孩子的回答正确与否。在第二个实验中，为了排除父母现场做答对实验者及儿童的可能影响，父母在纸上记录孩子对每道问题的答案及准确性。结果发现，4 岁左右儿童才能准确地回答这样的问题。但是，测验任务过于依赖语言，可能导致对儿童理解未来能力的评估出现偏差（Atance，2008）。因此，研究者开始探讨和尝试非言语的实验范式。

Suddendorf 和 Busby（2005）设计了双房间任务，并进行了预试，考察学前儿童是否能够为了避免未来的无聊而在当前做出正确的选择。结果表明，4 岁和5 岁的儿童在空房间有拼图板时，会在活动房间更多地选择拼图零件，而 3 岁组儿童的选择在空房间有无拼图板时没有出现显著差异。这提示我们，只有年长些的孩子才能根据对未来状态的预期而在当前做出适应性的选择。

但是这样的实验设计仍然存在一些问题，如只用单一情境无法排除行为定式的影响，而采用儿童熟悉的材料很难避免已有学习经验的混淆，等等。由此，Suddendorf 等（2011）对之前的研究范式进行了改编，通过不同的实验情境（箱子任务和食物任务）证明，4 岁儿童才能够记住从未经历过的新问题，并在延迟一定的时间后仍能选择正确的物品以期未来去解决这个问题。Russell 等（2010）设计了吹球游戏，让 3～5 岁的儿童先在桌子的一端（离地面较近，儿童可以够到游戏桌）体验游戏过程，之后问儿童在桌子的另一端（离地面较远，儿童够不到游戏桌，从未在这端吹过球）玩游戏时需要什么物品，选项里包含可以用来垫高的箱子。研究者通过 4 个实验发现，4 岁是情景预见能力发展的关键年龄。

以上研究通过精巧的实验设计，考察了儿童在当前能否选择合适的物品来解决未来的问题，它们的一个共同之处在于均为儿童提供了现实中的问题解决场景。其中，双房间任务（Suddendorf，Busby，2005）采用了儿童熟悉的拼图做材料，无法排除已有学习经验的影响。而强调问题新异性的设计都需要发明特别的游戏和制作特定的设备，如开箱子游戏需要带三角形锁的箱子和相应的开锁工具（Suddendorf et al.，2011），吹小球游戏需要特殊设计和打造的游戏桌（Russell et al.，2010）。这就使得此类实验范式的推广存在一定的困难。而 Atance 和 Meltzoff（2005）简单地通过呈现故事和图片场景诱发 3～5 岁儿童未来体验（如渴、冷和饿）以考察其能否预测出未来会发生什么，以及需要提前准备什么。

研究结果也描述出了类似的发展轨迹。该研究还进一步探讨了儿童选择错误的原因，发现 3 岁和 4 岁儿童的选择受到了与场景图片有语义联系但对未来问题的解决无关的选项的干扰，但 5 岁儿童却未受其影响。这就提示我们抑制控制可能是影响儿童情景预见能力的一个重要因素。因此，本节决定选择该实验范式来考察幼儿的情景预见能力。

虽然与情景预见相关的课题已经受到了国外研究者的广泛关注（Schacter et al.，2008；Suddendorf，Corballis，2007），但对其发展轨迹的探讨还不是太多（Atance，2008），而国内仍鲜有此方面的实证研究，这就使得我们对于中国文化背景下幼儿情景预见能力的发展状况仍处于未知状态。本节的目的就是改编国外研究者的实验范式使之适合中国的文化背景，以考察中国幼儿情景预见能力的发生发展轨迹。

综上所述，在 Atance 和 Meltzoff（2005）的研究基础上，我们对其实验范式进行改编，通过实验探讨中国幼儿情景预见能力的发生发展轨迹。我们假设：中国幼儿的情景预见能力在 3～5 岁快速发展。

一、幼儿情景预见能力发展的实验研究

（一）被试

84 名 3～5 岁幼儿参加本实验。3 岁组幼儿 31 名（男 13 名，女 18 名），年龄为 37～47 个月，M=42.6，SD=3.08；4 岁组幼儿 27 名（男 11 名，女 16 名），年龄为 49～59 个月，M=55.4，SD=2.44；5 岁组幼儿 26 名（男 13 名，女 13 名），年龄为 60～72 个月，M=66.8，SD=4.17。

（二）材料

本节的研究选用 12 张彩色情境图片（15.2 厘米×10.2 厘米）和 24 张彩色物品图片（7.6 厘米×5.3 厘米）。其中，情境图片在热身实验和正式实验中各使用 6 张。热身实验情境是幼儿日常生活中会遇到的、比较熟悉的情境，包括生日派对、床、游泳池、浴缸、厨房、杂货店。正式实验情境是幼儿比较陌生的新情境，包括艳阳高照的沙漠、海边大片的礁石、笔直漫长的柏油路、白雪皑皑的山谷、崎岖广阔的山脉、瀑布。正式实验的情境图片分别引发幼儿刺眼、疼痛、口渴、寒冷、饥饿和湿漉漉的感觉。物品图片则包括 12 种情境下应该准备的物品（即生日礼物、枕头、泳衣或泳裤、香皂、碗、零钱、太阳镜、创可贴、矿泉水、棉衣、汉堡和雨衣），以及 12 张干扰图片（其中正式实验 6 个试次匹配与之直接相关的 6 张图片，如雪山情境下为冰块）。

（三）程序

实验程序改编自 Atance 和 Meltzoff（2005）的研究范式，包括热身实验、正式实验和控制实验。热身实验包括 6 个日常生活情境（如生日派对）。每个试次中，主试要求幼儿首先描述这张图片的内容，并想象相应情境。然后，主试告诉幼儿："好，假装你要去该情境（如生日派对），现在该出发了。"接着，主试给幼儿呈现 3 张物品图片，问："你要带上哪一个呢？"每个场景图片都有一个对应的正确选项，如"生日派对"的正确选项是"生日卡"，干扰选项是"牙膏"和"汉堡"。如果幼儿在热身实验的 6 个试次中答错 4 个以上，说明他没有理解实验规则，实验就此结束。

如果幼儿通过热身实验，则开始进行 6 个试次的正式实验。每个试次中，主试给幼儿一张新场景的图片，让其描述内容并想象置身于此（如雪山）。接下来主试给幼儿呈现 3 张物品图片选项（如冰块、棉衣和泳衣），询问他们要带上哪一个。主试在记录纸上记下幼儿的选择。需要说明的是，为了排除幼儿选择正确答案的潜在原因是该物品与此情境存在一定联系，而非幼儿具有情景预见能力，我们对每张情境图片对应的 3 个选项进行了设计。3 张图片中包括一个正确答案（预见选项，如棉衣）、一个有直接联系的物品（联系选项，如冰块），还有一个无关物品（无关选项，如泳衣）。然后比较幼儿选择预见选项和联系选项的百分比。情景预见能力的高低有两种评估方式：一是计算幼儿选择的正确率，即以选择正确的试次数除以总试次数；二是将幼儿正确选择的试次数加和，每选择一个预见选项计 1 分，共 6 个试次，得分范围为 0～6 分，此分数即情景预见得分。

正式实验结束后，还要完成 6 个试次的控制实验。主试要求幼儿对正式实验中使用的 6 组图片逐一进行偏好判断，选出每组图片中最喜欢的那个物品。控制实验试图通过比较幼儿在正式实验中选择预见选项的百分比和在控制条件下选择相应选项的百分比来排除偏好的作用。

另外，在热身实验、正式实验和控制实验中，情境图片呈现的顺序和正确答案出现的位置均进行了平衡。

二、幼儿情景预见能力的发展特点

首先，我们比较了不同年龄组幼儿在正式实验中选择的正确率与随机水平（33%）的差异，以确定哪个年龄段的幼儿开始表现出预测的能力，而非随机的选择。3～5 岁组幼儿在正式实验中的正确率如表 2-1 所示。差异检验结果表明，3 岁组正确选择的百分比与随机水平差异不显著，$p>0.05$，而 4 岁和 5 岁组正确选择的百分比均显著高于随机水平，$p_s<0.001$。也就是说，4 岁以后，幼儿在情景预见任务中的表现是根据未来的需要，而不是随机的选择。

表 2-1　不同年龄组幼儿情景预见能力的描述性统计（$M\pm SD$）

年龄组/岁	选择正确率/%	情景预见得分
3	39±29	2.29±1.76
4	56±29	3.37±1.76
5	77±30	4.65±1.81

接下来，我们以正式实验中的情景预见得分为指标，考察情景预见能力的发展轨迹。单因素方差分析表明，3 个年龄组存在显著差异，$F(2，81)=12.57$，$p<0.001$。事后分析表明，5 岁组选择的正确项目显著多于 4 岁组（$MD=1.28$，$p<0.05$）和 3 岁组（$MD=2.36$，$p<0.001$）。另外，3 个年龄组均没有出现性别差异。

为了排除幼儿选择正确答案仅仅是由选择偏好导致，我们采用配对样本 t 检验比较了幼儿在正式实验中选择正确答案的百分比和在控制实验中选择同样答案的百分比。结果表明，3 岁组幼儿在正式实验和控制实验中选择正确答案的百分比（39% VS 34%）没有显著差异，$p>0.05$；而 4 岁组（56% VS 32%）和 5 岁组（78% VS 30%）在实验条件下选择正确答案的百分比均显著高于控制条件：$t（26）=3.67$，$p<0.005$；$t（25）=7.43$，$p<0.001$。根据上述结果，较小的幼儿在情景预见任务中会根据自己的偏好做选择。除此之外，还有没有其他因素误导了幼儿的选择呢？

为了回答这个问题，我们计算了幼儿选择语义联系选项的百分比，3 岁、4 岁、5 岁组分别是 51%、43%、20%。其中，3 岁和 4 岁组选择情景预见选项和语义联系选项的百分比没有显著差异，$p_s>0.1$，而 5 岁组选择正确答案的百分比显著高于语义联系组，$t（25）=5.05$，$p<0.001$。而且，这种年龄效应并不是因为幼儿更喜欢语义联系的项目。在控制实验中，3 岁组（35%）、4 岁组（36%）、5 岁组（36%）幼儿选择语义联系项目的百分比基本上处于随机水平（33%）。也就是说，较小幼儿在情景预见任务中的选择会受到语义联系选项和自身偏好的影响，降低适应性选择的百分比。

本节采用了非言语范式考察幼儿的情景预见能力及其与其他能力的关系，相对于传统的言语访谈具有一定的优势。Atance（2008）指出，测验任务过于依赖语言，可能导致对幼儿理解未来能力的评估出现偏差。一方面，儿童直到学前和学龄早期才能明白表示未来词汇的确切含义，3 岁幼儿无法区分明天、1 年后和几年后，4 岁幼儿能够区分出日常发生和远期未来发生的事件，而 5 岁幼儿则可以成功地分离这 3 个时间点（Busby-Grant，Suddendorf，2009），由此得出的结果会低估幼儿思考未来的能力。另一方面，2 岁的幼儿也会谈及未来，但是谈话的内容只是反映了他们预存的日常生活的知识，而不是真正的对未来的投射，如果以此判断幼儿具有心理时间旅行的能力，就会出现高估的结果。

本节的研究结果显示，4 岁幼儿已经开始能够根据未来的问题在当前做出适当的选择。这与国外的同类研究结果基本一致（Suddendorf et al.，2011；Atance，Meltzoff，2005；Busby，Suddendorf，2005；Suddendorf，Busby，2005），但也存在一定的差异。我们的研究表明，3 岁组幼儿的选择与随机水平没有显著差异，而 4 岁和 5 岁组幼儿则显示出了高于随机的准确性。而在 Atance 和 Meltzoff（2005）的研究中，3 岁、4 岁、5 岁幼儿在情景预见任务中的成绩都显著高于随机水平。这可能源于中西方的文化差异：西方文化强调自我的独立性，而中国文化注重社会关系对自我的影响。西方儿童可能有更多机会自己对未来事件进行想象和计划，因此，其在情景预见任务中的表现要更好一些。但这种推测还需要更多研究加以佐证。

综上所述，我们可以得出结论：4 岁以后，幼儿能够根据未来的需要选择适宜的物品，表现出一定的情景预见能力。

第二节

中小学生情景预见能力的发展特点

心理时间旅行可以使个体主观地将自我定位到曾经经历过的事件来重新体验自己的过去（情景记忆），或者将自我定位到未来预先体验某个事件（情景预见）。近年来，在发展心理学领域，对情景预见的考察已经逐步成为研究热点之一（刘岩等，2010）。

大量证据已经表明，幼儿在 4 岁左右产生情景记忆（Scarf et al.，2013；Busby，Suddendorf，2005；Levine，2004），并具有了预见未来事件的能力（Suddendorf，Redshaw，2013；刘岩等，2012a；Atance，Meltzoff，2005；Busby，Suddendorf，2005）。Suddendorf 和 Redshaw（2013）指出，虽然 4 岁幼儿已经获得了构建未来特定心理事件所需要的认知要素，但情景预见能力会在整个儿童期继续发展。

有研究者从毕生发展的角度考察了 6～81 岁个体（分成 6～8 岁、9～12 岁、13～15 岁、16～21 岁和 62～81 岁五组）回忆过去和想象未来的发展变化轨迹。结果发现，心理时间旅行的发展随着年龄的变化呈现出倒 U 形曲线，即 6～21 岁该能力不断增长，之后出现衰退的趋势（Abram et al.，2014）。还有研究考察了个体从儿童（8～11 岁）到青少年（14～17 岁）情景预见能力的发展变化，发现在这个阶段，过去和未来情景细节的丰富性都有显著增加，而且两者的发展模式是一致的（Gott，Lah，2014）。

已有研究勾勒出了心理时间旅行的发生发展轨迹，大多是大年龄段跳跃式的比较和考察，这些研究给我们勾勒出了一个整体的发展趋势和框架。但是在每个年龄段内部，心理时间旅行的发展是处于量的积累的平稳发展阶段，还是出现了质的飞跃呢？本节将分别探讨儿童中晚期（9～12 岁）和少年期（13～15 岁）内部个体心理时间旅行的发展模式，以回答这个问题。

综上所述，本节以小学中高年级（9～12 岁）和初中生（13～15 岁）为被试，通过访谈，让被试回忆过去和想象未来，以情景细节的丰富性作为心理时间旅行的指标，考察两个年龄段内部情景预见和情景记忆的发展轨迹。

一、中小学情景预见能力的访谈研究

（一）被试

本节的研究选取长春市某所小学 135 名三至六年级学生（9～12 岁）和大连市某所中学 93 名初一至初三学生（13～15 岁），在每个年级分层随机取样。其中三年级 38 人（年龄：$M=9.0$ 岁，$SD=0.62$），男女各半；四年级 35 人（年龄：$M=10.1$ 岁，$SD=0.48$），男生 16 人，女生 19 人；五年级 31 人（年龄：$M=10.9$ 岁，$SD=0.26$），男生 15 人，女生 16 人；六年级 31 人（年龄：$M=11.9$ 岁，$SD=0.32$），男生 16 人，女生 15 人；初一年级 34 人（年龄：$M=12.5$ 岁，$SD=0.30$），男生 19 人，女生 15 人；初二年级 33 人（年龄：$M=13.6$ 岁，$SD=0.48$），男生 16 人，女生 17 人；初三年级 26 人（年龄：$M=14.6$ 岁，$SD=0.48$），男女各半。

（二）程序

我们根据 D'Argembeau 等（2010）使用的经典研究范式，进行心理时间旅行的一对一访谈。在访谈中，要求被试在脑海中回忆或想象四个时段（去年、过去 3～5 年、明年及未来 3～5 年）内所发生的特定事件，就好像正在亲身感受一样，尽可能多地描述感官细节（如看到了什么、听到了什么、感觉到了什么等）。回忆或想象的事件可以是小事，也可以是重要的事，但必须是特定的。也就是说，这个特定事件发生在特定的时间和特定的地点，并且持续了几分钟或几小时，但不超过一天。此外，主试还要进一步明确个体想象的事件是合理的（如他们已经计划的或者可能会发生的事）和崭新的（在过去没有发生过的）。该任务没有时间限制。实验中，我们将过去和未来访谈顺序进行了平衡。

被试每描述完一个事件，主试都需要让被试在"心理时间旅行主观评分问卷"上对该事件所形成的心理片段进行 5 个方面（物体的清晰度、人物的清晰度、情绪效价、情感的丰富度及身临其境的程度）的主观评分（1~7 分：1 分表示程度最低，7 分表示程度最高）。

（三）编码

我们根据 Levine 等（2002）使用的评分标准对心理时间旅行的访谈内容进行编码。评分者首先需要将每个被试描述的内容分为若干片段，再将每个片段归到以下 8 个细节类别中：事件细节（人物、他人的情感或反应、天气、衣着、他人的动作、物理事件）、地点细节（国家、水域、省/市、街道、建筑、房屋和房屋地址）、时间细节（时期、年、季节、月份、日期、星期、当日的时间或钟表时刻）、知觉细节（听觉、嗅觉、触觉/痛觉、味觉、视觉）、情感及思想细节（情感状态、思想、看法、期望、信念）、语义细节（如一般知识或事实）、重复细节和其他细节。前 5 类细节属于内部细节，将其相加后得到内部细节的数量，与主要事件直接相关；而后 3 类细节属于外部细节，与主要事件没有直接的联系。内部细节的数量代表个体所构建事件的详细程度，内部细节数量越多，表明个体回忆或预见信息的能力越强，我们以此作为情景记忆和情景预见的主要指标。

评分者对心理时间旅行的访谈内容进行客观编码时要注意以下几点：①允许被试有不同的谈话风格（口头语或者被试边思考边报告时无意识地重复前一句话）；②计分要基于被试所提供的信息，而不是主试所询问的问题；③被试所报告的不完整句子也可能是得分项目，所以评分者应在某种程度上尝试去解释不完整的句子，适当地根据上下文补充省略的主语或其他成分；④在主要事件不明确的情况下，评分者可以选择一个发生时间相对较短的事件作为主要事件，当被试所描述的事件都符合该标准时，则选择描述细节最多的事件作为主要事件；⑤如果被试报告的事件持续时间为几天或几个星期（如假期），那么评分者必须在时间最佳且事件可用的部分进行计分。

为了验证通过频次累计进行编码的可靠性和稳定性，评分者还要对访谈内容进行评级。评级的内容包括地点评级（0～3分）、时间评级（0～3分）、知觉评级（0～3分）、情感及思想评级（0～3分）及情景丰富度评级（0～6分），最高分（3分或6分）指报告的内容生动、丰富、具体，让人体验到身临其境的感觉，最低分（0分）指报告的内容没有特异性的信息，不属于情景记忆的范畴。最后，将这5类评级的得分相加作为复合评级的指标。

（四）评分者一致性信度

一名主试按照编码系统对被试的回答进行编码，另一名受过培训的心理学专业研究生作为第二编码者对随机抽取的20%被试的资料进行独立编码。采用积差相关进行分析，两名编码者对被试报告的过去内部细节、未来内部细节、过去复合评级及未来复合评级的编码一致性分别为0.92、0.94、0.66和0.84。

二、中小学生情景预见能力的发展轨迹

（一）小学生心理时间旅行的发展

在心理时间旅行的访谈中，小学生对过去事件的回忆和对未来事件的想象在内部细节数量和复合评级两个指标上的描述性统计值如表2-2所示。

表2-2　小学生过去和未来事件内部细节及复合评级的描述性统计（$M\pm SD$）

年级	过去内部细节	未来内部细节	过去复合评级	未来复合评级
三	20.34±8.02	13.76±5.63	13.03±4.10	8.37±3.65
四	23.60±11.19	15.20±7.29	13.80±4.85	8.63±4.31
五	25.39±16.33	17.00±7.80	14.77±5.58	10.77±4.29
六	27.26±12.11	17.58±6.57	16.10±4.80	10.52±4.23

为了考察小学中高年级学生心理时间旅行的发展特点，我们以内部细节数量为因变量，进行2（时间取向）×4（年级）的重复测量方差分析。结果发现，

时间取向主效应显著，$F(1, 131)=94.12$，$p<0.001$，$\eta_p^2=0.42$，小学生报告的情景记忆的细节数量显著多于情景预见；年级主效应边缘显著，$F(3, 131)=2.63$，$p=0.053$，$\eta_p^2=0.057$；年级与时间取向的交互作用不显著，$p>0.05$。对年级的事后分析表明，小学生情景记忆与情景预见能力随着年龄的增长呈现出相似的增长趋势，三年级学生情景细节的丰富程度显著低于五年级和六年级学生，$p_s<0.05$。

如前所述，复合评级是为了验证编码时对内部细节进行频次累加的有效性。接下来，我们以复合评级为因变量，进行 2（时间取向）×4（年级）的重复测量方差分析。结果发现，时间取向主效应显著，$F(1, 131)=128.00$，$p<0.001$，$\eta_p^2=0.49$，对情景记忆进行的复合评级显著高于情景预见；年级主效应显著，$F(3, 131)=3.75$，$p<0.05$，$\eta_p^2=0.08$；年级与时间取向的交互作用不显著，$p>0.05$。对年级的事后分析表明，三年级学生情景细节的丰富程度显著低于五年级和六年级学生（$p_s<0.05$），四年级学生则显著低于六年级学生（$p<0.05$）。总的来说，复合评级的结果与内部细节的频次累加结果相吻合，说明情景预见在小学阶段与情景记忆平行发展的结果是稳定可靠的。

接下来，我们考察了小学生心理时间旅行主观体验的发展。在被试的主观评估中，物体的清晰度、人物的清晰度及身临其境的程度属于细节丰富度。此外，还包括情绪效价和情感丰富度两个指标（D'Argembeau，van der Linden，2004）。小学生对过去和未来事件的主观评分如表 2-3 所示。

表 2-3 小学生过去和未来事件的主观评分（$M\pm SD$）

年级	过去细节丰富度	未来细节丰富度	过去情感丰富度	未来情感丰富度	过去情绪效价	未来情绪效价
三	9.83 ± 2.53	10.33 ± 2.13	10.54 ± 3.95	11.41 ± 3.14	10.54 ± 3.95	11.11 ± 3.35
四	9.25 ± 2.03	9.97 ± 1.99	10.18 ± 3.55	11.12 ± 3.18	10.18 ± 3.55	10.64 ± 3.05
五	9.54 ± 2.11	9.88 ± 2.16	11.65 ± 2.96	12.06 ± 2.68	11.65 ± 2.96	10.68 ± 3.81
六	9.41 ± 1.72	10.18 ± 2.39	12.53 ± 1.89	11.77 ± 2.64	12.53 ± 1.89	11.68 ± 2.47

为了进一步检验时间取向和年级对心理时间旅行主观评分的影响，我们以细节丰富度、情感丰富度和情绪效价为因变量，时间取向和年级为自变量，分别进行 2（时间取向）×4（年级）的重复测量方差分析。结果发现，对于细节丰富度，时间取向主效应显著，$F(1, 127)=9.34$，$\eta_p^2=0.07$，$p<0.01$，小学生

认为过去事件中细节的丰富度显著高于未来事件；同时，年级主效应及其与时间取向的交互作用均不显著，$p_s>0.05$。对于情感丰富度和情绪效价，时间取向和年级的主效应及两者的交互作用均不显著，$p_s>0.05$。

（二）初中生心理时间旅行的发展

在心理时间旅行的访谈中，初中生对过去事件的回忆和对未来事件的想象在内部细节数量和复合评级两个指标上的描述性统计值如表 2-4 所示。

表 2-4　初中生过去和未来事件内部细节及复合评级的描述性统计（$M \pm SD$）

年级	过去内部细节	未来内部细节	过去复合评级	未来复合评级
初一	35.57±8.79	29.24±6.35	20.62±4.19	18.03±3.51
初二	35.76±9.79	31.12±7.04	20.61±3.93	17.48±3.97
初三	32.88±9.07	30.27±7.75	19.77±4.03	18.38±3.86

为了考察初中生心理时间旅行的发展特点，我们以内部细节数量为因变量，进行 2（时间取向）×3（年级）的重复测量方差分析。结果发现，时间取向主效应显著，$F(1，90)=25.57$，$\eta_p^2=0.22$，$p<0.001$，中学生报告的情景记忆的细节数量显著多于情景预见；年级主效应及其与时间取向的交互作用均不显著，$p_s>0.05$。

同样，我们以复合评级为因变量，进行 2（时间取向）×3（年级）的重复测量方差分析。结果发现，时间取向主效应显著，$F(1，90)=23.21$，$p<0.001$，$\eta_p^2=0.21$，情景记忆复合评级显著高于情景预见；而年级主效应及其与时间取向的交互作用均不显著，$p_s>0.05$。该结果与以内部细节数量为因变量的结果相吻合，说明在初中阶段，情景预见同情景记忆一样处于平稳发展阶段。

接下来，我们分析了中学生对过去和未来事件的主观感受，如表 2-5 所示。为了进一步检验时间取向和年级对心理时间旅行主观评分的影响，我们以细节丰富度、情感丰富度和情绪效价为因变量，以时间取向和年级为自变量，分别进行 2（时间取向）×3（年级）的重复测量方差分析。结果发现，对于细节丰富度，时间取向主效应显著，$F(1，91)=16.68$，$\eta_p^2=0.16$，$p<0.001$，中学生认为过去事件细节的丰富度显著高于未来事件；同时，年级主效应及其与时间取向的交互作用均不显著，$p_s>0.05$。对于情感丰富度，时间取向和年级的主效应及两者的交互作用均不显著，$p_s > 0.05$。对于情绪效价，时间取向和年级的主效应均不显著，但两者的交互作用显著，$F(2, 91) = 3.6$，$\eta_p^2 = 0.07$，$p < 0.05$。简单效应分析显示，初一学生对未来事件的情绪比对过去事件的情绪更积极，$t(34) = 3.02$，$p < 0.01$，而初二和初三学生则没有显著差异，$p_s > 0.05$。

表 2-5 中学生对过去和未来事件的主观评分（$M \pm SD$）

年级	过去细节丰富度	未来细节丰富度	过去情感丰富度	未来情感丰富度	过去情绪效价	未来情绪效价
初一	9.14±1.91	8.86±2.15	9.60±3.06	9.80±2.70	9.77±2.78	11.37±2.56
初二	9.13±2.15	8.15±2.26	10.45±3.43	9.84±2.40	10.45±3.43	9.91±3.41
初三	9.52±1.98	8.34±1.92	10.50±3.22	11.08±2.37	10.50±3.22	11.54±2.47

综上所述，情景预见与情景记忆表现出相似的发展趋势：在小学阶段，高年级学生报告的情景细节比低年级更丰富和详细；在初中阶段，心理时间旅行的发展趋于平稳。

第三节

青年早期个体情景预见能力的发展特点

近些年来，关于心理时间旅行的发展研究主要集中在探讨学前儿童情景记忆和情景预见的发生时间与发展轨迹上，也有研究探讨了成人的心理时间旅行的特点及内部机制。但是，研究者对青年期心理时间旅行能力的发展状况探究得较少。由于青年经历着较多的生活变化，这就为情景预见提供了丰富的素材。另外，虽然青年期记忆能力的发展已趋于稳定，但与心理时间旅行相关的整合能力却处在发展之中。因此，考察青年的情景记忆和情景预见的发展特点是非常必要的。这既能够进一步完善对心理时间旅行发展轨迹的描绘，又有助于揭示其发展的本质。因此，本节选取高二、大一和大三学生作为被试，考察和比较心理时间旅行的客观指标（情景细节的数量）和主观体验的发展特点。

如前所述，已有研究对心理时间旅行的发生发展轨迹的描述大多是大年龄段跳跃式的比较和考察，而我们关心的是在每个年龄段内部，心理时间旅行的发展是处于量的积累的平稳发展阶段，还是也出现了质的飞跃。上一节的研究结果表明，在儿童中晚期（9～12 岁），小学高年级学生报告的情景细节比低年级学生更丰富和详细；而在少年期（13～15 岁），个体心理时间旅行的发展模式趋于平稳。

本节以高中生和大学生（17 岁、19 岁、21 岁）为研究对象，通过访谈，让被试回忆过去和想象未来，以情景细节的丰富忙作为心理时间旅行的指标，考察该年龄段内部情景预见和情景记忆的发展轨迹，评估青年早期个体心理时间旅行的发展。

一、高中生和大学生情景预见能力的访谈研究

（一）被试

在辽宁省的一所高中和一所高校选取高二、大一和大三 3 个年级的 91 名学生，在每个年级分层随机取样。其中高二年级 30 人（年龄：M=16.5 岁，SD=0.86），男女各半；大一年级 31 人（年龄：M=18.5 岁，SD=0.93），男生 15 人，女生 16人；大三年级 30 人（年龄：M=21.1 岁，SD=0.85），男女各半。

（二）程序

我们根据 D'Argembeau 等（2010）使用的经典研究范式，进行心理时间旅行的一对一访谈。在访谈中，要求被试在脑海中回忆或想象四个时段内所发生的特定事件。每描述完一个事件，被试都需要对回忆或想象的情景事件从 5 个方面进行 7 级评定。

（三）编码

我们根据 Levine 等（2002）使用的评分标准对心理时间旅行的访谈内容进

行编码。编码者首先需要将每个被试描述的内容分为若干片段，再将每个片段归到以下 8 个细节类别中：事件细节、地点细节、时间细节、知觉细节、情感及思想细节、语义细节、重复细节和其他细节。前 5 类细节属于内部细节，将其相加后得到内部细节的数量，而后 3 类细节属于外部细节。由于之前的研究发现频次统计是可靠且有效的，因此，在该年龄段中，我们没有进行复合评级。

对心理时间旅行的主观体验（现象学特征）的评分采用的是 D'Argembeau 和 van der Linden（2004）的研究中的三个指标：细节丰富度、情感丰富度和情绪效价。其中，细节丰富度包括物体的清晰程度、人物的清晰程度及身临其境的程度。

（四）评分者一致性信度

一名主试按照编码系统对被试的回答进行编码，另一名受过培训的心理学专业研究生作为第二编码者对随机抽取的 20%被试的数据进行独立编码。两名编码者对被试报告的过去内部细节和未来内部细节的编码一致性（积差相关系数）分别为 0.97 和 0.94。

二、青年早期个体情景预见能力的发展轨迹

在心理时间旅行的访谈中，处于青年早期的个体对过去事件的回忆和对未来事件的想象在内部细节数量上的描述性统计值如表 2-6 所示。

表 2-6　青年早期个体过去和未来事件内部细节的描述性统计（$M \pm SD$）

年级	过去内部细节	未来内部细节
高二	72.20±23.11	59.67±16.06
大一	78.87±31.22	60.19±24.61
大三	82.07±28.41	68.87±22.11

为了考察青年早期个体心理时间旅行的发展特点，我们以内部细节数量为因变量，进行 2（时间取向）×3（年级）的重复测量方差分析。结果发现，时间取向的主效应显著，$F(1, 89)=42.12$，$p<0.001$，$\eta_p^2=0.32$，被试对过去事件回忆的细节要显著多于对未来事件想象的细节；而年级的主效应和两者的交互

作用均不显著，p_s>0.05。

青年早期个体心理时间旅行的主观评分的各维度得分如表 2-7 所示。

表 2-7　青年早期个体过去和未来事件主观评分描述统计表（$M\pm SD$）

年级	过去细节丰富度	过去情感丰富度	过去情绪效价	未来细节丰富度	未来情感丰富度	未来情绪效价
高二	10.97±1.69	9.97±2.28	8.97±3.28	9.70±2.00	10.67±1.95	11.30±2.76
大一	10.77±2.09	10.00±2.61	9.16±3.76	9.71±2.40	11.13±2.11	11.94±1.93
大三	11.17±1.93	10.17±2.39	10.10±2.83	10.63±2.13	11.13±2.32	11.57±2.16

为了检验时间取向和年级对心理时间旅行主观评分的影响，我们分别以情景细节的主观评分（细节丰富度、情感丰富度和情绪效价）为因变量，进行 3（年级）×2（时间取向）的重复测量方差分析，分析结果如下。

当因变量为细节丰富度时，时间取向的主效应显著，F（1，89）=32.38，p<0.05，η_p^2=0.136，被试回忆过去的细节丰富度显著高于想象未来的细节丰富度。年级的主效应不显著，年级和时间取向的交互作用也不显著（F_s<1.5，p_s>0.05）。

当因变量为情感丰富度时，时间取向的主效应显著，F（1，89）=9.044，p<0.05，η_p^2=0.093，被试回忆过去的情感丰富度显著低于想象未来的情感丰富度，也就是说，被试想象未来时情感更丰富。年级的主效应不显著，年级和时间取向的交互作用也不显著（F_s<0.2，p_s>0.05）。

当因变量为情绪效价时，时间取向的主效应显著，F（1，89）=9.04，p<0.05，η_p^2=0.269，被试回忆过去的情绪效价显著低于想象未来时的情绪效价，也就是说，想象未来时被试的情绪更加积极。年级的主效应不显著，年级和时间取向的交互作用也不显著（F_s<1，p_s>0.05）。

综上所述，青年早期个体心理时间旅行能力处于平稳发展阶段，没有出现明显的变化。青年早期个体情景预见的发展模式与情景记忆相似，处于量的积累阶段，没有质的飞越。情景记忆的细节数量要显著高于情景预见，同时，情景记忆主观评估的细节丰富度更高，而个体认为在情景预见时情感更加丰富，积极情绪更多。

本节从客观情景细节数量和主观评分两个方面考察了心理时间旅行的发展

特点。结果发现，不同年龄的青年的心理时间旅行能力并不存在显著差异。这说明了青年早期心理时间旅行处于相对平稳的发展阶段。被试对过去事件回忆的细节要显著多于对未来事件的想象，二者间的发展是平行的。这一点与其他研究得出的结论是相似的。

综合 3 个年龄段的发展数据（第二节和第三节）可以发现，情景预见和情景记忆的发展无论在哪个年龄阶段都展现出相似的发展趋势，这与已有的研究结果是一致的。Suddendorf（2010a）发现，儿童如果能够回答关于过去的问题，很可能也会回答关于未来的问题，而且回答两类问题的数量也有关联。还有研究发现，7～10 岁的儿童在过去和未来的特定情境建构上表现出了一致性（Wang Q et al.，2014）。这种同步性从发展的角度为"情景预见与情景记忆具有相似的认知神经机制"这一观点提供了佐证。

第二节和第三节的研究发现，与情景记忆相似，儿童中晚期情景预见的能力随年龄增长而逐步提高，少年期和青年早期则分别呈现平稳发展的状态。对此，我们采用了复合评级对其进行了进一步的验证，得到了相似的结果。一方面，小学中年级（尤其是三年级）儿童情景预见的详细程度要显著低于高年级（五年级、六年级），该结果支持了 Suddendorf 和 Redshaw（2013）的观点，即情景预见能力会在整个儿童期持续发展。另一方面，无论是在少年期还是青年早期，情景预见细节的丰富程度在不同年级之间都没有出现显著差异，说明以往研究中对青少年期同质年龄段的划分是有效的（Abram et al.，2014；Gott，Lah，2014）。也就是说，心理时间旅行在儿童中晚期有质的飞跃，但是在少年期和青年早期内部则处于量的积累阶段，没有出现质的差异。

第四节

大学生情景预见能力的多维度探讨

前面几节采用了最为经典的评估指标（情景细节的数量）对不同年龄段

个体心理时间旅行的发生发展特点进行了考察。而本节参考了 D'Argembeau 等（2010）的研究，试图从三个方面（心理时间旅行的流畅性、特异性和情景细节的数量）对心理时间旅行的基本特点进行较为全面的描绘。流畅性是指被试评估与建构一般的过去和未来事件的表征能力。特异性是指被试评估与建构特定的过去和未来事件的表征能力。情景细节的数量是指当回忆或想象一个特定的过去或未来事件时，个体能够产生的细节数量。另外，我们不仅探讨大学生心理时间旅行的客观表现，还关注其现象学特征（个体的主观评价）。

一、大学生情景预见能力的访谈研究

（一）被试

我们从大连市两所大学的本科生中随机抽取 60 人作为被试，年龄均在 19～23 岁，男女各半。在完成全部访谈内容后，给予每位被试一定现金作为报酬。

（二）程序

根据 D'Argembeau 等（2010）使用的经典实验程序，我们对大学生的心理时间旅行进行了全面、系统的访谈。访谈共包括以下 3 个部分。

1. 心理时间旅行的流畅性

访谈时，主试给被试提供 4 个时间段进行回忆或想象，分别是去年和过去 5～10 年，以及明年和未来 5～10 年，要求被试尽可能多地报告在特定时间段已经发生和可能发生的事件。这 4 个时间段由主试口头呈现，每次 1 个，每次都会给被试 60 秒的时间来报告尽可能多的事件。我们还对时间段呈现的顺序进行了平衡：给一半被试先呈现 2 个过去的时间段，给另一半被试先呈现 2 个未来的时间段。但无论对于过去还是未来，都是先呈现 1 年期的时间段，后呈现 5～10 年的时间段。最后要跟被试强调，报告的事件可以是小事，也可以是重要的事，但不做任何与事件特异性有关的提示。

2. 心理时间旅行的特异性

访谈时，主试给被试呈现一系列线索词，要求其回忆或想象发生在他们过去生活中，以及有可能会发生在他们未来生活中的特定事件。参考 Conway 等（2001）的研究，我们选定了 12 个线索词，并将其分成同质的 A、B 两组，每组 6 个词：2 个物体类词汇（如电脑）、2 个场景类词汇（如操场）和 2 个情感类词汇（如悲伤），每类词汇都各包括高、低想象程度的词汇各 1 个。

为了控制词汇的可想象程度，我们以 20 名大学生为被试，分别呈现这 12 个词，若被试在 10 秒之内就想到与这个词有关的发生在自己身上的事件，则这个词就被认为是高想象词汇；若被试 20 秒以后才想到，则这个词被认为是低想象词汇。同时，我们还匹配了 A、B 两组的词频，使其大致相当。最后，我们将 A、B 两组词随机分配给过去和未来事件，并对被试完成过去和未来情景模拟的顺序进行了平衡。

正式实验时，线索词写在卡片上，每次呈现 1 个，要求被试在 30 秒内，对每个线索词回忆或想象一个具体的事件。被试报告的事件可以是重要的事，也可以是小事，但必须是特定的。如果被试的第一反应不是一个特定的事件，主试就要求他们再回忆或想象一个具体的场景（如"你能想一个特定的事件吗？"）。在访谈正式开始前，要求被试做两个有关特定事件的练习，使其熟悉特定事件的相关特征。

3. 心理时间旅行的情景细节

访谈中，我们使用了 2 个线索词，分别是见朋友和度假，一个用于过去，另一个用于未来。要求被试在脑海中想象情景，就好像正在亲身感受一样，尽可能多地描述感官细节。被试回忆或想象的事件可以是小事，也可以是重要的事情，但必须是特定的。而且要进一步明确，想象的事件应该是合理的和崭新的。这个任务没有时间限制。我们对被试完成过去和未来情景任务的顺序进行了平衡。

每描述完一个事件，我们还要求被试在 5 个方面，即事件表征的视觉细节的数量、位置的清晰程度、时间的清晰程度、回忆/想象事件时的情绪和再经历/预先经历事件的感觉，对其形成的心理片段进行主观评分。

（三）评分与编码

1. 心理时间旅行的流畅性

我们用被试在限定时间里回忆或想象事件的数量作为心理时间旅行的流畅性指标。如果被试不是对事件进行描述，而是一般性的描述（如我希望过快乐的生活），就不计分。根据 D'Argembeau 等（2010）的研究，我们将每个被试在两个过去时间段给出答案的总和记为情景记忆流畅性分数，将每个被试在两个未来时间段给出答案的总和记为情景预见流畅性分数。

2. 心理时间旅行的特异性

心理时间旅行的特异性的计分方法参照 D'Argembeau 等（2010）的研究。如果被试对每个线索词所做的叙述中有符合"特异性"要求的事件，即其中包含了一件或以上发生在特定时间、特定地点且持续时间不超过一天的事（例如，"今年 6 月 30 日，我跟着高中同学一起去沈阳植物园。那里面有特别多的树木。我记得特别清楚，是下午 1 点多钟，刚在湖那边打完水仗，然后就到树林里面去休息一下，吃吃东西啊，聊聊天儿什么的"），就可以在这个线索词上计 1 分；否则，计为 0 分。最后，将被试在回忆和想象时报告的具体事件的数量分别相加，得到情景记忆特异性分数和情景预见特异性分数。由于每个时间段的线索词为 6 个，情景记忆和情景预见特异性的分数范围均为 0~6 分。

3. 心理时间旅行的情景细节

根据 D'Argembeau 等（2010）的研究，首先对每个被试描述的内容进行分类。我们将被试的描述分成若干片段，每个片段都归到以下 5 个种类之一：空间参照性、实体、知觉描述、思想/情绪/动作、时间参照性。空间参照性包括有关环境中客体相对位置和相对于被试所在位置的描述（如"在台前""在我的左侧""离这儿大约 200 米"）。实体包括被试提及的客体、人物、动物等不同类别的实体。知觉描述包括以任何一种方式在任何一个感觉通路对一个实体特征进行的描述（如"他将会穿一件深色的西装"），也包括对一般的天气和空气条件的描述（如"天气很热""房间里烟雾缭绕"等）。思想/情绪/动作包括任何内省的想法、情绪情感和被试自己的动作（如"我感到很尴尬"），还包括场景中其他实体的想法、意图和动作（如"我妈妈坐在海滩上"）。时间参照性包括有关时间情境（如"明年夏天"）或者时间度量（如"我们等了 2 小时"）的陈述。同时，重复的陈述、无关的细节及其他不能被归到这 5 个类别中的无关信息都被剔除。计分时，每个类别的分数不能超过 7 分，5 个类别的分数之和为总分，最多 35 分。

4. 心理时间旅行的主观评估

被试对每个心理片段进行 5 个方面的主观评估，包括事件表征的视觉细节的数量、位置的清晰程度、时间的清晰程度、回忆/想象事件时的情绪和再经历/预先经历事件的感觉。所有评估均为 1～7 级评分，1 分代表程度低，7 分代表程度高。最后将这 5 个方面的得分相加，算出总分。根据时间取向不同，分为情景记忆的主观评估得分和情景预见的主观评估得分。

（四）评分者一致性检验

参照前人的计算方法（D'Argembeau et al.，2010；Shao et al.，2010），主评分者对问卷进行编码评分以后，另一个评分者随机抽取 20%的被试再进行评分。结具表明，心理时间旅行流畅性的一致性信度为 0.94，心理时间旅行特异性的一致性信度为 0.83，心理时间旅行情景细节客观评价的一致性信度为 0.80。

二、大学生情景预见能力的多维度分析

情景记忆和情景预见的流畅性、特异性、情景细节、主观评估得分的平均数和标准差如表 2-8 所示。

表 2-8　心理时间旅行各维度描述性统计

时间取向	维度	M	SD
情景记忆	流畅性	8.88	5.07
	特异性	4.85	1.07
	情景细节	9.95	5.39
	主观评估	26.82	5.28

续表

时间取向	维度	M	SD
	流畅性	9.60	4.34
	特异性	4.03	1.80
情景预见	情景细节	7.00	3.37
	主观评估	23.17	5.71

　　为了分析心理时间旅行可能存在的性别差异，我们分别以流畅性得分、特异性得分、情景细节得分和主观评估得分为因变量，进行了 2（性别）×2（时间取向）的重复测量方差分析。

　　对于流畅性得分，性别和时间取向的主效应均不显著，两者的交互作用也不显著，$p_s>0.05$。也就是说，男性、女性评估与建构一般的过去事件和未来事件的表征能力是相似的，同时，成人在建构一般的过去事件和未来事件的表征能力上也是没有差别的。

　　对于特异性得分，性别的主效应不显著，$p>0.05$；时间的主效应显著，$F（1，58）=14.28$，$p<0.001$，与想象未来相比，被试回忆过去时能够报告出更多的具体和特异性的事件；两因素交互作用不显著，$p>0.05$。也就是说，男性、女性评估与建构特定的过去和未来事件的表征能力是相似的，但是，成人表征特定过去事件的能力要高于建构特定未来事件的能力。

　　对于情景细节得分，性别的主效应不显著，$p>0.05$；时间的主效应显著，$F（1，58）=19.05$，$p<0.001$，与想象未来相比，被试回忆过去时能够报告出更多事件的具体内容及细节；两因素交互作用不显著，$p>0.05$。也就是说，男性和女性在心理时间旅行过程中能够产生的情景细节的数量是没有差异的，但是，大学生在回忆一个特定的过去事件时所产生的情景细节的数量，比他们想象一个特定的未来事件时要更多、更丰富。

　　对于主观评分，性别的主效应不显著，$p>0.05$；时间的主效应显著，$F（1，58）= 21.56$，$p<0.001$，与想象未来相比，被试回忆过去时能够体验到更多的内容及细节；两因素交互作用不显著，$p>0.05$。也就是说，男性和女性在心理时间旅行过程中产生的心理体验的丰富程度是没有差异的，但是，大学生在回忆一个特定的过去事件时所体验到的细节和情绪情感，比他们想象一个特定的未来事件时更要多、更丰富。

　　根据以上结果，大学生情景预见加工的基本特点表现在两个方面：一方面，男性和女性在进行心理时间旅行时，表征一般事件和特定事件的能力没有差异，建构的情景细节数量和心理体验的丰富性也是相似的；另一方面，大学生在情景预见加工中，建构特定未来事件的能力、想象特定事件所产生的情景细节数量和心理体验的丰富程度都显著地低于情景记忆。这与同类研究是一致的。有研究表明，与回忆过去相比，面向未来的心理时间旅行更具有典型性特征（Kane et al.，2012）。也就是说，与回忆过去相比，预见未来更多地基于脚本、图式、刻板印象，以及其他有关人物、地点和时间的具有代表性的心理表征，因而缺乏相关的细节。还有研究得出了相反的结论，即与对过去的回忆相比，对未来的想象包含更多积极生动的表征（Berntsen，Jacobsen，2008）。我们认为这与研究方法有关，上述实验采用了日记研究的方法，通过记日记，被试只能记录过去发生过的事件，却可以想象现实中无法实现的一切梦想，其中包括很多不可能发生的内容，因此，情景预见比情景记忆包含更多细节和积极形象的表征。但是，在我们所使用的经典实验范式中，情景预见任务要求被试想象可能会发生的情景，因此，在想象未来时细节的丰富性和生动性都不如情景记忆。

　　综上所述，我们可以得出结论，大学生表征特定过去事件的能力要好于建构特定的未来事件，同时，回忆特定过去事件时产生的情景细节数量与主观体验的细节和情绪情感都比建构未来时更多、更丰富。

第 三 章

发展进程中情景预见的影响因素

第一节

抑制控制和心理理论与情景预见能力

第二章第一节的研究结果表明，情景预见能力在 3～5 岁快速发展，这与国外同类研究结果一致（Atance，O'Neill，2005；Suddendorf，Busby，2005）。Suddendorf 和 Corballis（2007）提出了剧场假说，认为心理时间旅行并不是一种单一的能力，而是很多能力的集合，包括工作记忆、递归式思维、语义记忆、自我识别、心理理论、朴素物理学的知识、对情节进行审视和评估的能力、抑制控制、语言与非语言交流能力等。以往研究主要探讨情景预见能力与同类的其他未来定向能力的关系（Atance，Jackson，2009），而我们则关注可能影响情景预见过程的因素，试图对情景预见能力的本质有更清晰的了解。

一方面，情景预见能力可能受到抑制控制能力的制约。情景预见与计划、延迟满足、前瞻记忆一样，都属于未来定向能力。在延迟满足任务中，幼儿必须首先抑制得到即时奖赏的愿望，才能选择延迟的奖赏，而幼儿抑制控制能力不足也会干扰他们想象未来的能力（Atance，Meltzoff，2005，2006）。因此，抑制控制能力可能是影响未来定向能力的核心因素。另一方面，情景预见能力与心理理论能力有联系。在 3～5 岁，儿童开始有连续的自我感，即自我存在于过去（婴儿），也将持续到未来（成人），同时，幼儿开始理解自我心理状态和他人心理状态的差异，即心理理论能力（Nelson，2005）。也就是说，自我感在时间序列中的形成和对他人心理状态的理解发生在近似的年龄段。同时，对自我的未来状态的情景预见需要幼儿具有从不同角度认识自我的能力，而心理理论能力就是从不同的角度去理解心理状态和推论行为（Atance，Meltzoff，2005）。而且两种能力都需要较高的抽象水平，其神经基础也有很大程度的重叠（Spreng et al.，2009），说明两者可能存在一定联系。另外，由于心理理论与抑制控制能力的关系很紧密，心理理论与情景预见之间的联系也可能是以抑制控制为中介变量来实现的。

综上所述，本节试图揭示幼儿情景预见能力发展进程中可能的影响因素，主要是其与抑制控制和心理理论的关系。我们假设情景预见能力与抑制控制、心理理论能力的发展存在密切的联系。有研究发现，控制了年龄和语言表达能力之后，3～5 岁幼儿在心理时间旅行、延迟满足、计划和前瞻记忆成绩之间原有的相关基本消失（Atance，Jackson，2009）。由于我们采用的是非言语范式，所以在研究中测量儿童的语言理解能力，在统计分析中进行控制，排除语言对情景预见与抑制控制、心理理论能力之间关系的影响。

一、抑制控制、心理理论与情景预见关系的实验研究

（一）被试

87 名 4～6 岁幼儿参加本实验。4 岁组幼儿 33 人（男 13 人，女 20 人），年龄为 43～53 个月，M=48.2，SD=3.40；5 岁组幼儿 34 名（男 23 人，女 11 人），年龄为 54～64 个月，M=59.1，SD=2.95；6 岁组幼儿 20 名（男 11 人，女 9 人），年龄为 67～78 个月，M=71.8，SD=3.01。

（二）材料和程序

1. 情景预见

我们选用 12 张彩色情境图片（15.2 厘米×10.2 厘米）和 24 张彩色物品图片（7.6 厘米×5.3 厘米）。其中，情境图片在热身实验和正式实验中各使用 6 张。热身实验情境是幼儿日常生活中会遇到的、比较熟悉的情境，如生日派对。正式实验情境是幼儿比较陌生的新情境，如艳阳高照的沙漠。物品图片则包括 12 种情境下应该准备的物品（如生日礼物或太阳镜），以及 12 张干扰图片（其中，正式实验 6 个试次匹配与之直接相关的 6 张图片，如雪山情境下为冰块）。

2. 抑制控制

我们采用鸭—猴任务（张真，2008），其改编自熊—龙任务（Sabbagh et al.，2006）。实验采用猴子和鸭子的指偶玩具做道具。

首先，让幼儿做 10 个简单的动作，包括拍手、伸舌头、拍腿、摸头、跺脚、拍桌子、站起来、背手、举手、拍肚子。然后介绍实验规则："看，今天猴子、小鸭子和你一起玩游戏。猴子很调皮，大家都不喜欢它，所以猴子让你做什么，你就不要做什么。小鸭子很听话，是好孩子，所以小鸭子让你做什么，你就做什么。"正式实验之前，有若干练习试次。在小鸭子的练习试次中，主试用高频、友善的声音说"摸鼻子"。在猴子的练习试次中，主试用低沉的声音说"摸耳朵"。如果幼儿没有通过该试次，则继续练习，直到做对。如果幼儿连续 6 个试次都不能正确完成任务，结束实验。如果幼儿成功完成练习试次，再次询问幼儿对规则的理解（如"如果小鸭子让你做，你做不做？"），若幼儿给出正确答案，开始进行正式实验。

正式实验包括 10 个试次的测验，猴子和小鸭子各 5 次，呈现顺序随机。测验仅统计幼儿在猴子测验里的得分。如果幼儿没有做猴子要求的动作，给 3 分；如果幼儿没有做猴子要求的动作，但是做了其他动作，给 2 分；如果幼儿部分做出了猴子要求的动作，给 1 分；如果幼儿明确做出了猴子要求的动作，计 0 分。每个试次的得分范围为 0～3 分，全部测验包括 5 个有效试次，总分范围为 0～15 分。

3. 心理理论

参考 Wimmer 和 Perner（1983）的经典研究范式，我们采用玩偶—故事法评估幼儿的心理理论能力。主试给幼儿讲故事的同时，用玩偶和道具表演出相应的情节，并要求幼儿根据故事内容回答相关问题，包括 2 个意外地点任务和 2 个内容改变任务。道具包括不同角色的动物玩偶 8 个，单色的杯子、盘子、圆筒、方盒子、碗和小盒子各 1 个。

（1）意外地点任务举例

"小熊在家里玩小球，爸爸说，有小朋友找你，快出去玩吧。小熊就把小球放到方盒子里，跑出去玩了。小熊走了以后，小狗跑了过来，把小球从方盒子里拿出来，放在了圆筒里，小熊既没有看见也没有听见。"

这时，主试问幼儿 2 个控制问题（括号中是正确答案）。

记忆控制问题："小熊走的时候，把小球放在哪里了？是方盒子还是圆筒里？"（方盒子）。

现实控制问题："小球现在在哪里，是方盒子里还是圆筒里？"（圆筒里）。

然后，主试接着讲故事。"晚上，小熊回来了。"此时主试问幼儿 2 个测试问题。

检查未知的问题："小熊知道小球现在在哪里吗？"（不知道）。

检查错误信念的问题："小熊会先去哪里找小球？是方盒子里还是圆筒里？"（方盒子）。

（2）内容改变任务举例

"小公主喜欢和小乌龟玩，小公主晚上和小乌龟玩完之后，把小乌龟放在盘子里面，然后去睡觉了。小公主走了以后，小乌龟自己从盘子里面跑出来，跑走了。然后，小汽车自己跑过来，钻进了盘子里面。小公主在自己的房子里面睡觉，没有看到也没有听到这一切。"

这时，主试问幼儿 2 个控制问题。

现实控制问题："盘子里头现在装的是什么？小乌龟还是小汽车？"（小汽车）。

记忆控制问题："晚上小公主把什么放进去了？小乌龟还是小汽车？"（小乌龟）。

然后，主试接着讲故事。"第二天早上，小公主起床了。"此时主试问幼儿2个测试问题。

检查未知的问题："小公主知道盘子里现在装的是什么吗？"（不知道）。

检查错误信念的问题："小公主以为盘子里装的是什么？是小乌龟还是小汽车？"（小乌龟）。

每个故事中，幼儿只有答对了2道控制问题，才能继续实验。控制问题不计分，答对1个测试问题计1分，每个故事的得分范围为0~2分。心理理论测验共包括4个故事，总分范围为0~8分。实验中，4个故事的顺序及2个选项的位置都进行了平衡。

4. 语言理解

我们采用的是 Dunn 和 Dunn（1981）编制的皮博迪图画词汇测验的中文修订版（Peabody Picture Vocabulary Test-Revised，PPVT-R）。正式测验共有175页，每页上有4张图片。练习时，主试说一个字或词（如汽车），要求幼儿在该页的4张图片中指出对应的那张图片。正式测验根据答案纸上的词逐一提问，让被试指出来。如果幼儿在连续8道题中出现6次错误，而且正确的那2道题不是连续的，就结束测验。每个正确答案计1分，最后将所有得分相加，作为语言理解的成绩，分数范围为0~175。

二、抑制控制、心理理论与情景预见的关系探讨

4~6岁幼儿在情景预见、抑制控制、心理理论和语言理解测验上的得分如表3-1所示。

表 3-1　不同年龄组幼儿在情景预见能力、抑制控制、心理理论和语言理解的描述性统计

年龄/岁	n	情景预见		抑制控制		心理理论		语言理解	
		M	SD	M	SD	M	SD	M	SD
4	33	3.03	1.98	10.12	5.63	4.00	2.96	47.24	22.18
5	34	4.00	1.78	14.06	2.75	6.82	1.66	65.56	28.33
6	20	4.80	1.58	13.00	3.42	7.45	1.28	91.60	24.79

我们对情景预见得分进行了单因素方差分析。结果表明，年龄的影响显

著，$F(2, 84)=6.22$，$p<0.005$。事后分析表明，6 岁组在情景预见任务中选择正确物品的次数显著高于 4 岁组，$p<0.005$，而 4 岁组和 5 岁组之间差异不显著。由于 4 岁组和 5 岁组幼儿的情景预见得分差异不显著，下面将两个年龄组合并进行分析讨论。

如表 3-2 所示，4～5 岁组情景预见得分与心理理论、抑制控制和语言理解均存在显著正相关。下面，我们通过偏相关和回归分析探讨情景预见能力与心理理论、抑制控制的关系。为了排除语言在这两种心理能力中可能的作用，我们控制了语言理解测验的成绩，对情景预见能力与抑制控制、心理理论进行了偏相关分析。结果表明，情景预见能力与抑制控制、心理理论的相关都有所降低，其中，情景预见与抑制控制的相关系数由 0.31 下降到 0.25，而情景预见与心理理论的相关系数则由 0.28 下降到 0.19，说明语言的确在其中有一定的影响。同时，我们发现，控制了幼儿语言理解能力以后，情景预见与抑制控制的相关依然显著，$p<0.05$，而情景预见与心理理论原有的显著相关却消失了。接下来，我们以抑制控制、心理理论和语言理解测验的成绩为自变量，以情景预见得分为因变量进行回归分析（逐步回归）。结果表明，抑制控制的得分进入了回归方程，能够显著预测幼儿情景预见得分的变异（$\beta=0.31$，$p<0.05$），解释量为 9.6%，而心理理论没能进入回归方程。也就是说，抑制控制对情景预见能力有直接的预测效力，而心理理论没有体现出这种直接的作用。

表 3-2　4～5 岁组情景预见得分与心理理论、抑制控制和语言理解的相关分析

变量	心理理论	抑制控制	语言理解
情景预见	0.28*	0.31*	0.30*
心理理论		0.34**	0.38**
抑制控制			0.25*
语言理解			

注：*$p<0.05$，**$p<0.01$。

当然，还有另外一种可能，就是心理理论能力通过抑制控制这一中介变量，对情景预见能力产生间接的影响。为了检验这种效应是否存在，我们根据温忠麟等（2004）提出的中介效应检验程序，探讨了抑制控制是否是心理理论与情景预见能力之间的中介因素，如表 3-3 所示。第一步，以心理理论为预测变量（x）对结果变量情景预见得分（y）进行回归分析；第二步，以心理理论为预测

变量（x）对中介变量抑制控制（w）进行回归分析；第三步，以预测变量心理理论（x）、中介变量抑制控制（w）同时对结果变量情景预见得分（y）进行回归分析。结果表明，依次检验（指前面的 3 个 t 检验）都是显著的，所以抑制控制的中介效应显著，由于第 4 个 t 检验不显著，所以该中介效应是完全中介效应。也就是说，心理理论通过抑制控制对情景预见能力间接发挥作用。

表 3-3　抑制控制（W）的中介效应依次检验

步骤	标准化回归方程	回归系数检验
第一步	$y=0.276x$	$SE=0.083$，$t=2.31*$
第二步	$w=0.336x$	$SE=0.203$，$t=2.87**$
第三步	$y=0.309w$	$SE=0.047$，$t=2.62*$
	$0.194x$	$SE=0.086$，$t=1.56$

注：$*p<0.05$，$**p<0.01$；SE 表示标准误。

　　本节对情景预见与其他能力的相关、偏相关和回归分析揭示了情景预见能力与抑制控制能力之间的紧密联系。这种联系可能有以下几种表现。其一，由于较小的幼儿抑制控制能力不强，他们当前的身心状态妨碍了其想象自己未来状态的能力。也就是说，幼儿当前饱暖的感知可能使其很难想象出未来的饥饿和寒冷，从而无法根据未来的感受选择适宜的物品。有研究考察了幼儿为未来所做的选择是否会受到当前愿望的误导（Atance，Meltzoff，2006）。研究发现，在基线情境中，大部分幼儿都能选择自己喜欢的椒盐饼干，而不是水。而在干预情境下（先吃椒盐饼干，然后完成其他任务，最后在水和椒盐饼干之间做选择），很多 3～5 岁的幼儿都会选择水。也就是说，由于受到当前需要（口渴要喝水）的误导，幼儿无法预期到明天会更想吃椒盐饼干（Atance，2008）。其二，由于较小的幼儿抑制控制能力不强，备选答案里与情境直接相关的语义联系项可能会吸引他们的注意，从而忽视真正在未来可能需要的物品。本节的研究结果发现，较小的幼儿出现选择上的偏差，一方面是偏好所致；另一方面是受到选项中语义联系项目的影响。而 Atance 和 Meltzoff（2005）的第二个实验发现 3 岁和 4 岁幼儿都受到了语义联系项的干扰。综上所述，无论是现在状态对未来自我的影响还是语义联系项目对未来真正需要项目的干扰，其实质都是较小幼儿的抑制控制能力发展得还不完善，不能有效地抑制额外信息的干扰，从而影响了对未来自我状态的推论。其实，不仅是儿童，在某些情况下，成人在做预期的时候会也会受到自己当前动机状态的影响，如在运动过后可能更容易高估自己第二天对水的需求。

另外，研究结果还表明，心理理论完全通过抑制控制间接作用于情景预见能力，本节研究没有发现其他的作用途径。作为一种核心能力，心理理论能力可以对抑制控制（一般认知能力）产生预测效力，通过抑制控制实现对情景预见能力的影响。而没有发现心理理论能力对情景预见能力直接的作用，可能是因为情景预见主要是对自我心理状态的推论，而心理理论能力则强调对他人心理状态的理解。虽然两者都是从不同角度来理解心理状态，但是判断对象的差异可能会导致内部机制的不同（Koriat，Ackerman，2010）。当然，这也可能是由于我们采用了经典的错误信念任务来评估幼儿对他人心理状态的理解能力，这对考察幼儿对不同状态的认识能力敏感性不够，以后可以尝试采用表观现实任务或者观点采择任务。这样的探讨有助于我们理解情景预见能力的本质，以及它在发展过程中所起的作用，同时为探讨可能的神经机制提供线索（Atance，Meltzoff，2007）。

综上所述，我们发现，抑制控制对幼儿的情景预见能力存在直接的预测效力，而心理理论是通过抑制控制作为中介变量间接地作用于情景预见过程。

第二节

自我控制与情景预见能力

一、自我控制和事件可控性与幼儿的情景预见能力

有研究表明，幼儿对自我的控制能力可能会影响到心理时间旅行的加工。Atance 和 Meltzoff（2006）的研究发现，3～5 岁幼儿会受到当前需要（口渴要喝水）的限制，无法预期到明天会更想要椒盐饼干，也就是说，他们为未来所做的选择受到了当前愿望的误导。这可能是因为他们在试图想象自己在一种不

同于当前的状态时产生了一定的因难（Atance，2008）。上一节研究也发现，抑制控制对幼儿的情景预见能力存在直接的预测效力。这种对自我的控制能力是幼儿自我意识的重要组成部分，它是幼儿对自身的心理与行为的主动掌握，是幼儿在没有外界监督的情况下自觉地选择目标，抑制冲动、抵制诱惑、延迟满足，控制、调节自己的行为，从而保证目标实现的一种综合能力（杨丽珠，吴文菊，2000），这种能力可能是影响心理时间旅行的因素之一。

如果说幼儿的自我控制能力属于其人格特质，那么相对应的环境因素，也就是事件本身的可控性，可能也会影响幼儿的心理时间旅行的加工。Quon 和 Atance（2010）的研究发现，事件可控性对心理时间旅行的影响主要体现在特异性和准确性两方面：4～5 岁的幼儿对可控性高的事件能做出更多的具体性反应，回忆的准确性也更高一些。例如，如果一个幼儿对于晚饭吃什么具有较多的控制权，当他回想起吃晚饭的情境时，他所能报告出的内容会更多，也更准确。因此，本节试图探讨自我控制能力和事件可控性对 4 岁幼儿心理时间旅行的影响。

（一）研究方法

1. 被试

57 名 4 岁幼儿参加本实验，年龄范围为 40～53 个月。其中，30 名幼儿（男 20 名，女 10 名）参加情景记忆的测试，M=47 个月，SD=3.16；27 名幼儿（男 14 名，女 13 名）参加情景预见的测试，M=47 个月，SD=2.89。另外，还有 5 名幼儿也进行了测试，但是由于他们在延迟满足实验中没有听懂指导语，其数据被剔除。

2. 设计

实验采用 2×2×2 三因素混合实验设计。自变量为时间取向（过去 VS 未来）、事件可控性（高 VS 低）和自我控制能力（高 VS 低）。其中，事件可控性为被试内变量，时间取向和自我控制能力为被试间变量。因变量为幼儿心理时间旅行的特异性和准确性。

3. 材料

在自我控制能力的评估中，需要一辆玩具救火车、一辆玩具小卡车、门铃、钟表、桌椅、摄像机、计时器。还需要 3～5 岁儿童自我控制教师评定问卷。该问卷最初由杨丽珠和董光恒（2005）编制，后经沈悦（2011）修订。修订后的评定问卷共 32 题，由自觉性（8 题）、坚持性（9 题）、冲动抑制性（6 题）、自我延迟满足（9 题）4 个维度构成，采用 5 点计分，1 分代表"从不这样"，5 分代表"总是这样"，各维度的得分越高，代表相应的自我控制水平越高，问卷可以合成总分，该问卷具有良好的信效度。

4. 程序

（1）实验材料的准备

为了设计心理时间旅行访谈中可控性不同的事件，我们借鉴了 Quon 和 Atance（2010）的研究范式。我们首先对幼儿家长及教师进行开放式问卷调查，了解幼儿平时的生活习惯，然后在 Quon 和 Atance（2010）已用的 8 个事件的基础上总结了 10 个事件。根据这 10 个事件编制事件可控性问卷，要求家长判断对于不同的事件（比如，您的孩子早上吃些什么？），自己的孩子能在多大程度上拥有决定权。可控性评定分成 4 个等级，0 为没有决定权，3 为有很大决定权。

接下来，我们随机选取 27 名家长填写事件可控性问卷，根据家长的评定结果将 10 个事件的可控性平均得分由高到低排序：去公园（2.85）、吃晚饭（2.74）、讲故事（2.59）、看电视（2.48）、去超市（2.37）、去饭店（2.00）、做游戏（1.96）、睡觉前（1.93）、吃早饭（1.89）和去商场（1.89）。我们将前 5 题确定为可控性高的事件，将后 5 题确定为可控性低的事件，以此编制访谈提纲。实验开始前，发给每位幼儿的家长一份知情同意书，如果家长愿意带幼儿参加实验，就在知情同意书上签字，并交给带班教师统一安排。

（2）心理时间旅行的访谈

正式访谈时，每个幼儿单独进行，均由家长在旁边陪同。幼儿的反应由主试以纸笔记录，同时用录音笔录音。实验开始，主试说："我特别想知道你最近都做了些什么，所以我想问你一些问题。现在，让我们开始吧！"在询问特定的事件之前，主试要提出要求，如"让我们来说说你早上都吃了些什么吧"。

如果被试回答"我不知道",或者没有反应,主试重复一次问题,如果被试仍然没有回应,主试继续下一问题。如果被试提供了一个一般性的回答,如"我吃饭了",主试给出更具体的提示,如"你都吃了些什么?"如果被试还是给出一般性的回答或者没有反应,主试继续下一问题。如果被试提供了具体的反应,主试继续提问"还有吗?"情景记忆的问题都包含"昨天"或者"上一次"等标示过去时间的词汇;而情景预见的问题中会包含"明天"或者"将要"等标识未来时间的词汇。这是为了让幼儿了解回答跟过去还是未来有关的事件。为了排除提问顺序的影响,我们在访谈时对问题出现的顺序进行了平衡。另外,每位家长在实验后都要对幼儿的回答正误进行判断,最后根据自己的情况填写事件可控性高低的问卷。

（3）自我控制能力的评估

由于自我延迟满足是自我控制的一种高级形式,我们主要采用经典的延迟满足实验范式来考察该能力。实验前,主试要确保幼儿学会按铃的功能,并认识钟表。然后让被试学习等待与得到的因果关系。接下来,主试给被试拿来一辆玩具救火车和一辆玩具小卡车,并在地上演示。然后放在桌子上,同时放一个门铃,问小朋友更喜欢哪一个玩具,小朋友说喜欢救火车,主试便说:"我必须到隔壁房间做点事,我把事情干完后就回来,那么你就可以玩这个救火车了。如果你不想等,你可以在任何时候按铃,我听见铃声就回来,但是你就不能玩这个救火车,你只能玩这个小卡车。我不在时你也不能玩车,如果你玩了,我回来后你就不能玩这个救火车了。"

为了确定幼儿是否理解等待与奖励物的因果关系,主试要向幼儿提出以下 3 个问题:

1)"等阿姨工作完自己从房间里出来,你可以玩哪辆车?"

2)"如果你不想等了,该怎么办?"

3)"你按铃把阿姨从房间里叫出来,可以玩哪辆车?"

主试说两遍指导语后离开房间,此时开始计时。主试走之前对幼儿说,"我不在的时候,你不要碰这两辆车",然后到隔壁房间,等幼儿按铃或玩车停止计时,或等 15 分钟后回到房间,根据幼儿的表现给其相应的玩具玩。为了保证幼儿对环境的安全感,家长在房间一角陪同,但不干扰幼儿。实验期间,用隐蔽的录像设备对全过程进行录像。

5. 评分

（1）心理时间旅行访谈的编码

依据 Quon 和 Atance（2010）的编码方式，我们对幼儿在心理时间旅行访谈中的反应进行编码分析。主试只记录直接回答问题的反应。例如，对"你今早都吃什么了？"这个问题，凡是谈论不相关的事件（如"我明天想去奶奶家玩"）、描述不相关的对象（如"我们家有一个特别好玩的玩具"）或者讨论自己的情感感受（如"我喜欢吃苹果"）时，都不计分。幼儿对 10 个事件的有效反应均从特异性和准确性两方面计分。

1）反应的特异性：幼儿是否提供了一个具体的答案。例如，对"你今早都吃什么了？"这个问题，如果被试没有给出答案（如"我不知道"），或者提供一个无关的答案（如"我妈妈长得很漂亮"），或者只提供一般性答案（如"我吃饭"），则计为 0 分；如果幼儿提供了一个具体的特异性的答案（如"我今天早上吃了面包"），则计为 1 分。最后分别在不同时间取向的情境下，将可控性高和可控性低的事件得分相加后平均，得到各自的反应特异性得分。

2）反应准确性：答案是否准确。访谈结束后，主试将幼儿对事件的反应与家长核实。任何在"反应的特异性"中得 0 分的回答在这里都自动计 0 分。同时，如果家长认为幼儿对某个事件的回答不是完全准确的（如对于吃早饭的问题，幼儿的回答是"面包和洋娃娃"），这道题也计 0 分。如果家长认为幼儿的回答完全正确就计 1 分（如对于去公园的问题，幼儿的回答是"我滑了滑梯"）。对于情景预见条件，我们在询问的时候强调了事件发生的可能性。最后分别在不同时间取向（过去 VS 未来）条件下，将可控性高和可控性低的事件得分相加后平均，得到各自的反应准确性得分。

（2）自我控制能力的分组

我们通过幼儿在延迟满足任务中等待时间的长短来评估幼儿的自我控制能力。等待的时间以主试离开房间为起点，以儿童触摸玩具或按铃，或者等待了 15 分钟为终止点，以秒为单位。我们分别将不同时间取向下幼儿的等待时间由高到低排列，采用中位数分组法将幼儿分成自我控制能力不同的两组，等待时间长的为高自我控制组，等待时间短的为低自我控制组。

6. 评分者一致性检验

参照前人的计算方法（D'Argembeau et al., 2010；Shao et al., 2010），主评分者对问卷进行编码评分以后，另一个评分者随机抽取 20% 的被试再进行评分。结果表明，在不同条件下，评分者一致性基本在 0.92 以上，$p_s < 0.01$，只有在事件可控性低的情境下，评分者对情景记忆准确性的评分一致性为 0.72，$p < 0.01$。

（二）结果与分析

1. 对自变量有效性的检验

首先，我们检验了对事件可控性的设置是否有效，也就是可控性高低两种水平是否存在显著差异。表 3-4 呈现了家长对事件可控性高低评价的描述性统计值。如表 3-4 所示，"吃早饭"在可控性低的事件中得分最高，而"去超市"在可控性高的事件中得分最低。因此，我们将这两个事件的平均得分做配对样本 t 检验，结果发现，"吃早饭"的可控性得分显著低于"去超市"，$t(56) = -2.92$，$p < 0.01$，也就是说，可控性最高的低控事件也比可控性最低的高控事件得分要低，表明事件可控性高低的设置是有效的。

表 3-4　事件可控性等级评定的平均数和标准差

情境	M	SD
可控性高	2.69	0.34
去超市	2.32	0.69
去公园	2.81	0.52
吃晚饭	2.61	0.56
看电视	2.53	0.71
讲故事	2.70	0.65
可控性低	1.74	0.62
吃早饭	1.88	0.95
睡觉前	1.63	0.99
去商场	1.88	0.85
去饭店	1.79	0.94
做游戏	1.53	0.85

接下来，我们分别对情景记忆和情景预见任务中高低自我控制组的等候时间进行了差异检验。结果表明，无论是在回忆过去情境下[$t(28)=6.18$，$p<0.001$]还是在想象未来情境下[$t(56)=5.29$，$p<0.001$]，自我控制高低组在等候时间上均出现显著差异，也就是说，这种区分是有效的。

2. 事件可控性、自我控制能力对情景记忆的特异性和准确性的影响

自我控制能力不同的儿童对可控性不同的事件在情景记忆和情景预见任务的特异性和准确性得分的描述性统计结果如表 3-5 所示。

表 3-5　两种情境下不同自控水平幼儿情景记忆和情景预见的描述性统计

时间取向	事件可控性	自我控制能力	特异性		准确性	
			M	SD	M	SD
情景记忆	低	低	0.75	0.24	0.46	0.31
		高	0.85	0.32	0.43	0.31
	高	低	0.91	0.17	0.54	0.28
		高	0.88	0.22	0.46	0.35
情景预见	低	低	0.89	0.13	0.65	0.19
		高	0.87	0.10	0.59	0.17
	高	低	0.91	0.16	0.67	0.25
		高	0.96	0.12	0.78	0.28

首先，我们对情景记忆进行了分析。以情景记忆的特异性得分为因变量，进行 2（事件可控性：高 VS 低）×2（自我控制能力：高 VS 低）的重复测量方差分析。结果表明，事件可控性的主效应显著，$F(1, 28)=7.00$，$p<0.05$；自我控制能力的主效应不显著，$F(1, 28)=0.63$，$p>0.05$；两因素交互作用边缘显著，$F(1, 28)=3.57$，$p=0.069$，$\eta_p^2=0.11$，因此我们做了简单效应分析。我们分别对自我控制能力高低两组幼儿比较了高低控事件下的情景记忆特异性得分。结果表明：自我控制能力高的幼儿对高控事件和低控事件所报告内容的具体性差异不显著，$F(1, 14)=0.38$，$p>0.05$；而自我控制能力低的幼儿在反应的特异性上存在显著差异，$F(1, 14)=8.20$，$p<0.05$，即幼儿对可控性高的事件比可控性低的事件，能够更多地报告出具体的、特异性的答案。也就是说，自我控制能力低的幼儿更容易受到事件可控性的影响，从而影响其对过去的回忆。

然后，我们以情景记忆准确性得分为因变量，进行 2（事件可控性：高 VS

低）× 2（自我控制能力：高 VS 低）的重复测量方差分析。结果表明，事件可控性和自我控制能力的主效应及两者的交互作用均不显著，p_s>0.05。也就是说，这两个因素对幼儿情景记忆的准确性没有影响。

3. 事件可控性、自我控制能力对情景预见的特异性和准确性的影响

接下来，我们对幼儿在情景预见任务中的得分进行了统计分析。

当因变量为情景预见的特异性得分时，2（事件可控性：高 VS 低）×2（自我控制能力：高 VS 低）的重复测量方差分析表明：事件可控性的主效应为边缘显著，F（1，25）=3.00，p=0.096，η_p^2=0.11，即幼儿对可控性高的事件能够预见到更多的具体事件；而自我控制能力的主效应和两者的交互作用均不显著，p_s>0.05。

当因变量为情景预见的准确性得分时，2（事件可控性：高 VS 低）×2（自我控制能力：高 VS 低）的重复测量方差分析表明：事件可控性的主效应边缘显著，F（1，25）=3.00，p=0.095，η_p^2=0.11，即幼儿对可控性高的事件预见得更准确；而自我控制能力的主效应和两者的交互作用均不显著，p_s>0.05。

综上所述，幼儿对可控性高的事件能够预见得更具体、更准确。

4. 补充的数据分析

本节的研究可能存在这样一个问题，即仅通过一次延迟满足实验来评估幼儿的自我控制能力可能有一定局限。虽然该范式已为众多研究者接受并广泛应用，但仅通过一次情景实验很难排除一些偶发因素对幼儿延迟满足行为的影响，仅以此来标定幼儿自我控制能力的高低可能存在一定误差。为了弥补这一不足，我们还要求代班教师对每个参与实验的幼儿填写3～5岁儿童自我控制教师评定问卷（沈悦，2011）。结果表明，无论是以问卷总分还是各个分量表的得分作为自我控制能力的衡量指标，数据模式都与之前以延迟满足作为自我控制指标所得数据模式类似。也就是说，通过经典的延迟满足范式来评估幼儿的自我控制能力是可靠并且有效的。

（三）讨论

本节的研究结果表明，事件可控性对幼儿的情景记忆和情景预见有直接的影

响。总的来说，可控性高的事件能够引发幼儿更具体的回忆和更具体、更准确的想象。这与 Quon 和 Atance（2010）的研究结果基本一致。可能的原因如下。

在发展的早期，由于认知水平的限制，较小的幼儿无法将事件发生的过程展开，进行系统的回忆，也不会花费大量的时间想象即将到来的事件。随着幼儿的成长，在日常生活中，幼儿对一些事件逐步开始具有一定的控制能力，这会鼓励他们参与其中，并在事情发展过后去回忆其中的细节，重新体验当时的情境。而这些可控性高的事件可能是幼儿心理时间旅行的开始，也是他们想象的开端。如果事件在其他人（尤其是父母）的全权掌控之下，幼儿就很难有动机去想象未来事件。在我们的研究中，幼儿对可控性高的事件决定权较大，所以他们在回忆过去和想象未来时，能够充分感受当时事件发生的情境，提供更多的具体反应。

本节的研究还发现，自我控制能力低的幼儿在事件可控性较高时能回忆出更多具体的、特异性的答案，而自我控制能力高的幼儿在事件可控性高低不同条件下则没有出现类似的差异。这可能是因为自我控制能力高的幼儿会主动地参与到各类事件中，努力克服可控性低带来的负面影响。而自我控制能力低的幼儿则较多地受到环境的影响，只有在控制权较大的时候才能积极地参与建构。

本节的研究发现了事件可控性对心理时间旅行的直接影响，但自我控制能力的作用并没有得到系统明确的数据模式。我们推测，4 岁幼儿的自我控制能力仍处于发展中，会经历质变和飞跃的过程，因此对其他相关心理能力（心理时间旅行，尤其是预见能力）的影响模式也不稳定。为了进一步确认自我控制能力对心理时间旅行的作用，我们将对大学生进行考察。

在接下来的研究中，我们以大学生为被试。与幼儿不同，大学生在心理时间旅行任务中报告的事件大多是他们能够控制的，因此不存在事件可控性大幅变化的情况。我们主要考察的是，对于自我控制能力已基本成熟和稳定的成人被试而言，自我控制能力的高低会不会对心理时间旅行产生影响。相对于幼儿实验，我们对大学生的考察有两方面的变化。首先是心理时间旅行的测量方式。我们采用了经典的心理时间旅行特异性的测量方法，让被试根据一系列线索词在规定时间内回忆或者想象一个特定的事件（D'Argembeau et al.，2010），这与幼儿实验采用的方法是同质的，但难度更高，设计更严谨。其次是样本的选取。在幼儿实验中，由于被试群体规模的限制，我们采取中位数分组法，这样可能会缩小自我控制能力高低组之间的差异。因此，我们在成人实验中将采取极端分组法，选取自我监控能力存在显著差异的高低两组，考察其对心理时间旅行的影响。

二、自我控制与成人的情景预见能力

（一）被试

我们在大连市的一所大学随机抽取大学本科生 187 人，施测 Snyder 的自我监控力量表个人反应问卷。得分高于 15 分者被定义为高自我监控者，得分小于 9 分者被定义为低自我监控者（胡金生，杨丽珠，2009；宋广文，陈启山，2003）。从高低自我监控组中各随机抽取 20 名被试参加正式实验，男生 16 名，女生 24 名，年龄为 20~24 岁。所有被试均自愿参与本实验，实验前签署知情同意书，完成全部实验后，每人会获得一定报酬。

（二）材料

1. Snyder 的自我监控力量表个人反应问卷

该问卷由李峰等（1992）译成中文并应用，共包括 25 个项目，每个题目以"是"或"否"作答，与标准答案一致计 1 分，不一致计 0 分，得分范围为 0~25 分，分数越高表示自我监控力越强，该问卷具有较好的信效度（胡金生，杨丽珠，2009）。

2. 测量心理时间旅行的线索词

本次实验对心理时间旅行的考察主要针对其特异性。我们给被试呈现一系列线索词让被试在规定时间内回忆或者想象一个特定的事件。根据 Conway 等（2001）的研究，我们选定了 12 个线索词，并分为同质的 A、B 两组，每组 6

个词，每类词汇都各包括高低想象程度的词汇各 1 个。同时，我们还匹配了 A、B 两组词的词频，使其大致相当。最后，我们将 A、B 两组词随机分配给过去和未来情境，并对被试完成过去和未来情景模拟的顺序进行了平衡。

（三）程序

首先，筛选高低自我监控能力的被试，每组各 20 人。

接下来，进行心理时间旅行特异性的测量。根据 D'Argembeau 等（2010）的研究范式，我们给被试呈现一系列线索词，要求其回忆发生在他们过去生活中及有可能发生在他们未来生活中的特定事件。实验中，线索词写在卡片上，每次呈现 1 个。要求被试在 30 秒内，对每个线索词回忆或者想象 1 个具体的事件。被试报告的事件必须是特定的。如果被试的第一反应不是 1 个特定的事件，主试就要求他们再回忆或者想象一个具体的场景。在开始正式实验前，要求被试做 2 个有关特异性事件的练习。最后，将被试在回忆和想象时报告的具体事件的数量分别累计，分数范围为 0～6 分。

（四）结果与讨论

高低自我监控者在心理时间旅行中特异性得分的平均数和标准差如表 3-6 所示。

表 3-6　高低自我监控者的情景记忆和情景预见特异性的描述性统计

时间取向	自我控制能力	n	M	SD
情景记忆	低	20	3.30	1.53
	高	20	3.35	1.81
情景预见	低	20	2.20	1.40
	高	20	2.60	1.85

首先，我们比较了被试在情景记忆和情景预见任务中的表现。结果表明，与想象未来事件相比，被试在回忆过去事件时报告的事件更具体、特异性更强，$t(39)=3.92$，$p<0.001$。这与以往的研究结果一致。

接下来，我们考察了自我监控能力不同的被试在心理时间旅行任务中的表现。为了排除性别可能的影响，我们以组别为自变量，以性别为协变量，分别以情景记忆和情景预见任务的特异性得分为因变量，进行协方差分析。结果表明，对于情景记忆而言，自我监控能力高低两组差异不显著，$p>0.05$；对于情景预见任务，自我监控能力高的被试能够报告出更多的具体事件，$F(1,37)=4.73$，$p<0.05$。

结果表明，对于成人被试而言，已经成熟的自我监控能力对情景预见过程产生了影响：与自我监控能力低的被试相比，自我监控能力高的被试能够想象出更多的特异性事件。这与我们的假设是一致的。年幼的儿童由于受自身能力的限制，对很多事件都不具有控制权，此时事件的可控性是影响其心理时间旅行的重要因素，而处于变化发展中的自我控制能力很难超越环境的力量对心理时间旅行的过程产生实质性的影响。对于成人而言，大部分的日常事件是可控的，此时事件的可控性对心理时间旅行而言已不再那么重要，个体的自我控制能力也已经发展成熟，它对情景预见的作用就能很好地显现出来。同时，本节研究没有发现自我监控能力对情景记忆特异性的影响。这可能是因为，成人情景记忆的提取受其过去一段时间内获得信息的质和量的限制，其丰富性和具体性与现在的自我监控能力关系不大。

综上所述，可控性高的事件能够引发幼儿更具体的回忆和更具体、更准确的想象；自我控制能力低的幼儿在事件可控性较高时能回忆出更多具体的、特异性的答案。同时，自我控制能力对成人的情景预见有一定影响。

三、教育建议

本节的研究提示，事件可控性、自我控制能力对幼儿回忆过去和想象未来的过程都有影响。

一方面，在发展的早期，可控性高的事件有利于幼儿参与到回忆过去和想象未来的进程当中。因此，成人应该为幼儿提供更多可控程度高的情境。例如，带孩子去开放的游乐场所（公园、动物园、海洋世界等），让幼儿自己决定什么时候去、跟谁去、怎么去、去了玩什么、怎么玩、跟谁玩等，在这个过程中鼓励他们积极参与，尽情地发挥想象力和创造性。更重要的是，在活动过后还要与其讨论活动的细节，如看到了什么、听到了什么、体验到了什么，以及有什么情绪情感。这样做不仅能够促进其语言和记忆能力的发展，还能够增强幼儿的自主性，让其勤于思考，勇于探索和体验，发展其社会认知的能力。

另一方面，成人应该注重培养幼儿的自我控制能力。自我控制能力在幼儿早期处于不断发展变化的过程中。个体刚出生时，大脑皮层的抑制机制尚未发育成熟，行为表现出很大的冲动性。随着大脑皮质机能的发展，个体逐步学习控制自己的活动和情绪。随着个体的成长，皮质抑制机能逐渐完善，兴奋和抑制越来越趋于平衡，个体逐步能够在一定程度上控制自己的行为。成人可以在日常生活中对幼儿渐进地提出一些延迟等待的要求，或者人为地创设一些情境逐步锻炼其自我控制的能力。这样做不仅有助于自我控制能力的提高，还能够促进幼儿更加主动地参与到回忆过去和想象未来的过程当中，从而促进其认知能力和社会交往技能的提升。

第三节

幼儿的情景预见：自我投射的作用

情景预见是指个体在心理上将自我投射到未来某个特定时间和地点预先体验可能发生的未来事件的一种能力（Martin-Ordas et al.，2012；Suddendorf et al.，2011）。为了解释情景预见产生的机制，研究者提出了一些理论框架，其中比较有代表性的有情景建构假说（Hassabis，Maguire，2007）和自我投射假说（Buckner，Carroll，2007）等。本节试图探讨幼儿时期自我投射对情景预见的作用模式。

为了解决这一问题，我们将比较幼儿在为自己做情景预见和为他人做情景预见时的差异。由于自我投射涉及想象一个与当前自我相分离的自我的能力

（Buckner，Carroll，2007）；而情景建构涉及的是从心理上建构事件的过程，不仅包含环境，还包含在场的其他人（Hassabis et al.，2014；Hassabis，Maguire，2007）。如果是为他人做预见，那么其主要涉及情景建构，而为自己做预见则会同时涉及情景建构和自我投射。我们的假设是：如果幼儿期自我投射对情景预见有积极的影响，那么幼儿对自我的预见要好于对他人的预见；如果幼儿期自我投射对情景预见没有影响，那么幼儿对自我的预见与对他人的预见没有差异；如果幼儿期自我投射对情景预见有消极的影响，那么幼儿对他人的预见要好于对自我的预见。

　　研究中，我们选取了 3～5.5 岁幼儿为研究对象，比较不同年龄幼儿为自己和为他人进行情景预见时可能存在的差异。我们选择 3 岁幼儿作为考察和比较的起始年龄是基于以下考虑。已有研究发现，4 岁的幼儿才开始具有为自己做情景预见的能力（Atance et al.，2015；刘岩等，2012a；Suddendorf et al.，2011；Atance，Meltzoff，2005；Busby，Suddendorf，2005；Suddendorf，Busby，2005）。那么，3 岁幼儿是否既不能为自己做预见也不能为他人做预见呢？Payne 等（2015）的研究发现，3 岁和 4 岁幼儿为他人规划未来与为自己规划未来的表现没有差异。但考虑到该研究采用了被试内设计，同一个被试既为自己做预见，又为他人做预见，很可能会使得幼儿在不同视角下的行为表现趋同。本节则试图采用被试间设计，同时扩大样本量来降低个体差异可能带来的混淆。Prencipe 和 Zelazo（2005）的研究也采用了相似的方法，发现了 3 岁和 4 岁幼儿为自己和他人做延迟满足选择时存在差异。在情景预见的发生阶段，由于较小的幼儿语言能力有限，我们只能从行为选择上寻找可能的差异，但是幼儿对行为选择原因的解释比单纯的行为选择更有说服力。因此，我们将考察的年龄段延伸到了 5 岁以后，同时为了发现发展过程中关键的转折点，我们选取了 5.5 岁作为本节的最终考察年龄。

　　综上所述，本节将对 3～5.5 岁幼儿在不同角色视角上进行情景预见的表现进行考察和比较，试图根据其行为选择和原因解释，探讨幼儿阶段自我投射在情景预见中的可能作用。

一、自我和他人视角下情景预见的比较研究

（一）被试

我们从某幼儿园选取 236 名 3～5.5 岁幼儿参加本实验。3 岁组幼儿 62 名（男孩 28 名，女孩 34 名），年龄范围为 34～42 个月，M=38.40，SD=2.07；4 岁组幼儿 62 名（男孩 30 名，女孩 32 名），年龄范围为 45～54 个月，M=49.40，SD=2.02；5 岁组幼儿 56 名（男孩 26 名，女孩 30 名），年龄范围为 57～64 个月，M=60.40，SD=1.80；5 岁半组幼儿 56 名（男孩 32 名，女孩 24 名），年龄范围为 63～71 个月，M=67.10，SD=2.14。其中，每个年龄组在自我和他人视角条件下参与人数各占一半。

（二）材料

参考 Atance 与 Meltzoff（2005）的研究，实验材料包含 12 张彩色情境图片（15.0 厘米×10.0 厘米）和 24 张彩色物品图片（7.5 厘米×5.0 厘米）。热身实验和正式实验各用 6 张彩色情境图片，其中热身实验中的 6 张情境图片是幼儿日常生活中比较熟悉的情境，如生日聚会；正式实验中的 6 张图片是幼儿不常见的新情境，如沙漠。物品图片包括三类：未来情境下可能会用到的物品图片（即正确选项，如太阳镜）、与该情景有表面上的语义关联但不能解决未来可能遇到问题的图片（即语义关联选项，如贝壳）和与该情景没有联系的图片（即无关选项，如香皂）。

（三）程序

我们参考 Atance 和 Meltzoff（2005）的研究范式对幼儿进行情景预见任务测试。一半被试进行自我视角的任务，另一半被试进行他人视角的任务，每个被试耗时约 20 分钟。

整个程序分为热身实验、正式实验和控制实验，每部分均有 6 个试次。首先进行热身实验。每个试次中，主试都要求被试先描述情境图片中的内容，并

想象相应的情境，然后询问他："这是哪里呢？"接着告诉儿童："好，假装你（小明/小红）要去这个地方（如卧室），现在该出发了。"接下来向儿童呈现三张物品图片，问儿童："你（他/她）要带着哪一个呢？"每一张情境图片都有一张正确选项图片、一张语义关联选项图片和一张无关选项图片，如"卧室"的正确选项是"枕头"，关联选项是"梳子"，无关选项是"太阳镜"。如果被试在热身实验的 6 个试次中答错 4 个以上，说明他没有理解实验规则，实验就此结束。

　　然后进行正式实验，每个试次中，主试都要给儿童呈现一张新的情境图片（如沙漠），要求其想象并描述该图片中的内容，然后告诉被试："好，假装你（小明/小红）要去这个地方（如沙漠），现在该出发了。"随后呈现三张物品图片（如贝壳、香皂、太阳镜），主试问儿童"你（他/她）要带着哪一个呢？"，并让被试解释"为什么要选择带这个呢？"，主试在实验记录纸上写下被试给出的答案及原因。做完正式实验后进行控制实验，主试要求被试对正式实验中使用的 6 组物品图片逐个进行偏好选择，选出每组图片中其最想要的那一个。

（四）评分标准

在情景预见任务的正式实验中，幼儿选择一个正确答案得 1 分，共 6 个题目，总分为 0～6 分，作为行为选择的指标。

当幼儿选择了正确选项以后，根据 Atance 和 O'Neill（2005）的评分标准对选择原因的解释进行编码，将幼儿的解释分为三类：未来状态、未来语言和非未来语言。"未来状态"是指解释中既有未来词语（如打算、将要等），又有相应的状态词语（指被试解释中明确提到的内部感觉，如饿、渴、疼等），如"我可能会冷"等。"未来语言"是指解释中没有状态词语，但有指向未来的词语，如"会热的"。未来状态不同于未来语言，前者明确地涉及对未来生理状态的考虑。"非未来语言"是指被试的解释中没有指向未来的词语或者被试不解释、解释与选项无关等。其中，解释中涉及未来状态的得 2 分，涉及未来语言的得 1 分，被归类为非未来语言的得 0 分，得分范围为 0～12 分，作为言语解释的指标。

（五）编码一致性信度

首先，主试根据编码标准对被试的解释进行编码，另一名经过培训的心理学专业的研究生作为第二编码者对随机抽取的 20%被试的解释进行独立编码。然后，使用斯皮尔曼相关计算两名编码者对被试所解释的内容进行编码的一致性，一致性系数为 0.80。

二、不同视角下情景预见的差异分析

（一）幼儿何时能够为自我或者为他人做情景预见

为了确定在不同角色视角下幼儿的选择是否是随机的，我们比较了 3 岁、4 岁、5 岁和 5.5 岁年龄组幼儿在正式实验中不同视角下项目选择的正确率（表 3-7）和随机水平（33%）的差异。单样本 t 检验的结果显示：3 岁组幼儿在自我视角下选择正确选项的百分比与随机水平差异不显著，$p>0.05$，而 3 岁组幼儿在他人视角下选择正确选项的百分比与随机水平差异显著，$p<0.001$；4 岁、5 岁和 5.5 岁组幼儿不管在自我视角还是他人视角下选择正确选项的百分比都显著高于随机水平，$p_s<0.001$。

表 3-7　3 岁、4 岁、5 岁和 5.5 岁组幼儿在不同角色视角下情景预见能力的描述性统计（$M \pm SD$）

年龄/岁	角色视角	选择正确率/%	情景预见	解释得分
3	自我	38.7±24.1	2.32±1.45	1.16±1.73
	他人	53.2±22.1	3.19±1.33	1.32±1.90
4	自我	68.3±24.9	4.10±1.49	3.90±2.71
	他人	73.1±22.2	4.39±1.33	4.35±2.43
5	自我	75.0±23.0	4.50±1.37	5.00±3.33
	他人	79.2±19.0	4.75±1.14	5.57±2.49
5.5	自我	81.6±17.2	4.89±1.03	5.75±2.12
	他人	92.3±13.2	5.54±0.79	7.71±2.77

结果表明，在他人视角下，3 岁幼儿在预见任务中就已经可以根据未来的需求为他人做选择，并不是随机地选择；而在自我视角下，4 岁幼儿在预见任务中

才可以根据未来需求进行选择。也就是说，3 岁幼儿可以在他人视角下进行情景预见，但是 4 岁幼儿才能够从自我的视角完成同样的任务。

为了排除幼儿选择正确选项是受到选择偏好的影响，我们采用配对样本 t 检验对幼儿在不同角色视角下正式实验中选择正确选项的百分比与控制实验中选择同样选项的百分比进行比较。结果表明，在自我视角下，3 岁（38.7% VS 16.1%）、4 岁（68.3% VS 18.3%）、5 岁（75.0% VS 13.1%）和 5.5 岁（81.6% VS 18.5%）幼儿在实验条件下选择正确选项的百分比分别显著高于控制实验中选择同样选项的百分比，$p_s < 0.001$。同样，在他人视角下，3 岁（53.2% VS 23.1%）、4 岁（73.1% VS 23.1%）、5 岁（79.2% VS 19.6%）和 5.5 岁（92.3% VS 22.6%）幼儿在实验条件下选择正确选项的百分比分别显著高于控制条件下的百分比，$p_s < 0.001$。也就是说，不管是在自我视角条件下还是在他人视角条件下，3～5.5 岁幼儿在情景预见任务中做出的正确选择均不是偏好导致的。

（二）3～5.5 岁幼儿在不同视角下的情景预见：行为选择

我们以行为选择的得分为因变量，比较了 3～5.5 岁幼儿的情景预见能力在不同角色视角条件下的差异。方差分析结果显示，年龄主效应显著，$F(3, 228) = 40.65$，$p < 0.001$，$\eta_p^2 = 0.35$；角色视角主效应显著，$F(1, 228) = 9.63$，$p < 0.01$，$\eta_p^2 = 0.04$，他人视角的情景预见成绩显著高于自我视角；而年龄与角色视角的交互作用不显著，$F(1, 228) = 0.82$，$p > 0.05$。事后分析发现，在情景预见得分上，3 岁组与 4 岁组（$MD = -1.48$）、5 岁组（$MD = -1.87$）、5.5 岁组（$MD = -2.46$）的差异均显著；4 岁组（$MD = -0.97$）、5 岁组（$MD = -0.59$）与 5.5 岁组的差异也显著。

为了进一步确定在自我视角与他人视角条件下，哪个年龄组情景预见得分差异显著，我们进行了独立样本 t 检验。结果表明，3 岁组幼儿的情景预见得分差异显著，$t(60) = -2.47$，$p < 0.05$，$d = 0.63$；4 岁组和 5 岁组幼儿的情景预见得分差异不显著；5.5 岁组幼儿的情景预见得分差异显著，$t(54) = -2.62$，$p < 0.05$，$d = 0.70$，说明 3 岁组和 5.5 岁组幼儿为他人做情景预见的成绩要显著优于为自己做情景预见的成绩。

（三）3～5.5 岁幼儿在不同视角下的情景预见：言语解释

接下来，我们探讨幼儿在不同角色视角条件下对正确的行为选择进行言语解释的差异。方差分析结果表明，年龄主效应显著，$F(3, 228)=52.77$，$p<0.001$，$\eta_p^2=0.41$；角色视角主效应显著，$F(1, 228)=5.97$，$p<0.05$，$\eta_p^2=0.03$，他人视角的情景预见解释得分显著高于自我视角；而年龄与角色视角的交互作用不显著，$F(3, 228)=1.52$，$p>0.05$。事后检验发现，在解释得分上，3 岁组与 4 岁组（$MD=-2.89$）、5 岁组（$MD=-4.04$）、5.5 岁组（$MD=-5.49$）差异均显著；4 岁组与 5 岁组（$MD=-1.16$）、5.5 岁组（$MD=-2.60$）差异均显著；5 岁组与 5.5 岁组（$MD=-1.45$）差异也显著。

为了进一步确定在自我视角与他人视角条件下，哪个年龄组幼儿对情景预见任务进行解释的得分差异显著，我们进行了独立样本 t 检验。结果发现，5.5 岁组幼儿的情景预见任务的言语解释得分差异显著，$t(54)=-2.98$，$p<0.01$，$d=0.79$，为他人做情景预见的解释成绩显著好于为自己做情景预见的成绩；而 3 岁组、4 岁组和 5 岁组幼儿的情景预见任务的言语解释得分差异均不显著，$p_s>0.05$。

三、自我投射对幼儿情景预见能力的作用模式

本节的研究考察了 3～5.5 岁幼儿情景预见能力在自我视角和他人视角条件下的发展差异，以此推断幼儿时期自我投射对情景预见的影响。总体来看，无论是情景预见任务的行为表现还是对选择的原因解释，幼儿站在他人的角度做选择均好于为自己做选择。也就是说，未成熟的自我投射能力在幼儿情景预见的产生中可能有消极的影响，结果证实了我们的假设。具体来说，3 岁幼儿可以在他人视角下进行情景预见，其成绩要显著优于为自己做情景预见的成绩，主要表现在行为选择上。而 5 岁半幼儿在情景预见任务的行为选择和言语解释上，他人视角的表现均更有优势。4 岁和 5 岁幼儿虽然表现出了在他人视角下的表现好于自我视角下的表现的趋势，但是没有出现显著差异。

为什么在不同年龄段为自我和为他人做情景预见的差异模式会存在不同？由于自我投射涉及的是个体想象一个与当前自我相分离的未来自我，此任务对

于 3 岁的幼儿可能会存在一定困难，所以会降低 3 岁幼儿为自我做情景预见的成绩，而为他人做选择不涉及这个过程。有研究发现，3 岁幼儿为自我做决策是站在主观的自己的角度进行，为他人做决策则是完全站在客观的他人的角度（Prencipe，Zelazo，2005），两者是相互独立的，为他人做选择的时候不会受到自我的影响。因此，3 岁幼儿为他人做情景预见的成绩会好于为自己做预见。4 岁幼儿自我分离和投射的能力有所提高，同时，做决策的时候可以将主观（自我）的视角和客观（他人）的视角进行一定整合（Prencipe，Zelazo，2005），这时候在不同视角下进行情景预见的差异就在一定程度上缩小了。

对于年长一些的幼儿，虽然自我表征能力有了一定的发展，但是他们在对不同来源的观点进行比较和整合时，可能会根据以往的经验更加倚重感知的主观视角。有研究发现，随着年龄的增长，自发的感知驱动模式的统治地位超越了社会驱动模式（Corriveau，Harris，2010），与 3 岁半和 4 岁半的幼儿相比，5 岁半的幼儿对明确、清晰的刺激做出的反应倾向于依赖感知证据（Bernard et al.，2015）。因此，由于情景预见任务中提供的刺激是明确、清晰的，5 岁的幼儿在为自己做情景预见时还会延续 4 岁幼儿的行为模式，以一种整合的视角做选择；而 5 岁半的幼儿则有所改变，虽然他们能够考虑到不同的视角，但更多地依赖自己的主观感知。有研究表明，如果个体当前的情景和需要与未来不一致，那么，现在的状态很容易对未来的预见产生消极的影响，不仅儿童如此，即使是成人也很难避免（Atance，Meltzoff，2006）。因此，5 岁半的幼儿在为自己做情景预见时，无论是选择还是解释，都没有为他人做情景预见表现得好。

幼儿时期情景预见能力的这种发展模式可能与神经系统的发育有关。如前所述，情景预见的认知机制涉及自我投射和情景建构。有研究表明，额叶对自我投射有重要的贡献，而海马在情景建构中发挥作用（Buckner，Carroll，2007；Hassabis et al.，2007a；Hassabis，Maguire，2007）。在脑的发育过程中，海马成熟得比较早，在幼儿时期就开始促进情景建构在情景预见中的作用，而额叶成熟得比较晚，相应的自我投射发展得不成熟，在幼儿的情景预见中起消极作用。为他人做预见更多地涉及情景建构，而为自己做预见则涉及自我投射和情景建构，因此，幼儿为他人做情景预见优于为自己做情景预见。

另外，研究结果还发现，幼儿情景预见的行为选择要早于言语解释出现，这与前人提出的双加工理论相一致（Evans J S B T，2008）。该理论包含两个系统：一个是快速的、自发的、无意识的加工系统，即系统1；一个是慢速的、深思熟虑的、有意识的加工系统，即系统2。系统1是在特定领域发生的情境化的思维形式，它不需要言语，与动物本能有关；而系统2是抽象的思维形式，它需要意志努力，为人类所特有。研究发现，系统1的进化发展要早于系统2。

综上所述，本节得出结论：3～5.5岁幼儿为他人做情景预见优于为自己做情景预见，即幼儿不成熟的自我投射能力可能会对情景预见产生负面影响。

第四节

幼儿的情景预见：情景记忆与语义经验的作用

根据语义支架假说，语义经验等语义知识在个体的情景预见中可能起到支架或者结构框架的作用，在语义框架下，个体将情景材料和语义知识整合到个体的心理时间旅行中，构建未来情景（Lehner，D'Argembeau，2016；Wang T et al.，2016），那么在幼儿情景预见能力发生发展的过程中，这种联系的建立是从何时开始的呢？本节将应用项目选择研究范式，比较3岁组和4岁组幼儿的情景记忆、语义经验与情景预见的关系，试图阐明3～4岁幼儿三者关系的发展变化模式。

我们的假设是，3岁组幼儿的情景记忆、语义经验和情景预见之间尚未建立联系，因此相互之间不存在相关关系，而4岁组幼儿的情景记忆、情景预见和语义经验之间开始建立联系。

一、幼儿的情景记忆、语义经验与情景预见关系的实验研究

（一）被试

参加实验的幼儿来自大连市某幼儿园，有效被试共50人。其中，3岁组幼

儿 25 人（男孩 18 人，女孩 7 人），平均月龄为 42.12 个月（$SD=2.76$）；4 岁组幼儿 25 人（男孩 12 人，女孩 13 人），平均月龄为 51.24 个月（$SD=3.38$）。

（二）研究工具

1. 语义经验测验图片

语义经验测验图片包括 6 张彩色的情景图片（15 厘米×10 厘米）和 18 张彩色的物品图片（8 厘米×6 厘米），情景图片是幼儿比较熟悉的情景，多为日常生活中会遇到的情景，如厨房、杂货店等；物品图片包含这 6 种情景下所需的物品，包括生日礼物、枕头和游泳衣等，还有 12 张干扰图片（其中的 6 张与实验情景直接相关，如在杂货店情景下为矿泉水）。

2. 情景记忆和情景预见任务

实验在两个房间进行，其中一个房间是进行情景实验的教室；另一个房间是休息活动室，在休息活动室里，幼儿在情景实验间隔时间段里接受皮博迪图画词汇测验和进行情景实验物品选择。实验中用到的物品包括一个带锁的盒子（15 厘米×10 厘米×8 厘米）、一把钥匙、一个布偶（小熊）、一个彩色三角拼板和一张海盗的图片。

（三）程序

1. 语义经验图片测验

在每个试次中，首先要求幼儿想象情景，并询问他："这是哪里呀？"然后告诉幼儿："好，假装你要去该情景（如卧室），现在该出发了。"然后呈现 3 张物品图片作为选项，问幼儿："你要带上哪一个呢？"这 3 个选项分别为正确选项、与图片情景直接相关的联系选项及无关选项。在实验中，我们对情景图片的呈现顺序和正确答案的位置都进行了平衡。任务得分就是记录被试选择正确选项的个数。实验共有 6 个情景，每选择出一个正式实验中的情景图片所对应的正确选项，计 1 分，得分范围为 0～6 分。

2. 情景记忆和情景预见任务

本节所用研究范式改编自 Scarf 等（2013）对情景记忆的研究范式。

实验分为两个阶段，间隔时间为 15 分钟。在实验的第一阶段，幼儿被主试带进情景实验室，主试告诉幼儿这是"海盗"的房间，并指着贴在门上的"海盗"的图片让幼儿看。接下来主试告知幼儿："我刚才看到海盗在这附近，我想他可能将一个宝盒藏在了这个房间里，你能帮我找到宝盒吗？"然后主试和被试一起在房间里找宝盒。当幼儿和主试找到宝盒时，幼儿会发现盒子是被锁住的。这时，主试问幼儿是否有钥匙能把盒子打开。当幼儿回答"没有"时，主试开始翻自己的口袋假装找钥匙，并说："我也没有钥匙去打开盒子，好吧，那我们先离开房间去做其他事吧。"主试把找到的盒子放在原处后，将幼儿带到休息活动室进行皮博迪图画词汇测验任务。

15 分钟后，幼儿开始第二阶段的实验。实验一开始，主试对幼儿说："你还记得我们刚才去过'海盗'的房间吗？（情景记忆问题）你还记得'海盗'的房间里有什么东西吗？（情景记忆问题）现在我们要出发回到'海盗'的房间，但是在我们出发之前，我有一些东西给你看。因为你表现得很好，你可以在这些物品里选一个带着去'海盗'的房间。"随后，主试在幼儿面前呈现三个物品：拼板、玩偶和钥匙。物品从左至右的排列顺序在幼儿之间进行了平衡。主试鼓励幼儿从三个物品中挑选出一个。一旦幼儿做出了选择（情景预见），主试要追问幼儿"你为什么要选择钥匙呀？"（情景预见）。在幼儿做出回答后，主试就带幼儿重新回到"海盗"的房间，如果幼儿选择了正确的选项（钥匙），主试要观察并记录幼儿是否会拿着钥匙去开盒子上的锁（情景预见）。

计分标准如下。

情景记忆指标：在主试向幼儿呈现物品选项前问幼儿："你还记得我们刚才去过'海盗'的房间吗？"如果幼儿回答记得，并描述刚才在房间的场景或者有关实验情景房间的内容，则计 1 分；否则，计 0 分。对于"你还记得'海盗'的房间里有什么东西吗？"这一问题，如果幼儿回答"盒子或者宝盒"则计 1 分；否则，计 0 分。情景记忆得分范围为 0~2 分。

情景预见指标：幼儿在进行物品选择时，如果选择了钥匙，主试要追问幼儿

"你为什么要选择钥匙呀？"，并且观察选择钥匙的幼儿回到"海盗"的房间是否会拿钥匙去开锁。只要幼儿正确解释选钥匙的原因是"用来开盒子或者打开盒子上的锁"，或者做出开锁的行为，则计 1 分；如果幼儿没有选择钥匙或者幼儿选择钥匙后，言语解释错误或者没做出开锁的行为，则计 0 分。情景预见得分范围为 0～1 分。

语义经验指标：当幼儿完成实验后，主试将实验中的盒子和三个备选的物品呈现在幼儿面前并询问："你从下面选一个物品打开盒子，你要选哪个呀？"幼儿选择钥匙，计 1 分；选择其他选项，计 0 分。语义经验得分范围为 0～1 分。

二、幼儿的情景记忆、语义经验与情景预见的关系探讨

（一）3 岁与 4 岁幼儿语义经验、情景记忆和情景预见的比较

语义经验的指标包括两个部分：语义经验图片任务中的得分（0～6 分）；情景记忆和情景预见任务中的语义经验得分（0～1 分）。由于第一部分语义经验的得分范围过宽，为了与第二部分的语义经验得分范围相适应，我们对第一部分语义经验原始得分进行了分数加权，得分范围变为 0～2 分，所以最终语义经验的得分是两部分分数之和，分数范围为 0～3 分。

首先，两组幼儿在情景预见任务中 3 个备选物品的选择偏好上不存在显著差异，$p_s>0.05$。随后，对两组幼儿的情景记忆、语义经验和情景预见进行独立样本 t 检验，结果见表 3-8。

表 3-8　3 岁和 4 岁幼儿情景记忆、语义经验和情景预见的比较

因变量	3 岁组（n=25）		4 岁组（n=25）		t	p
	M	SD	M	SD		
情景记忆	1.60	0.58	1.96	0.20	2.95	0.005
语义经验	2.83	0.31	2.73	0.38	−0.95	0.347
情景预见	0.60	0.50	0.84	0.37	1.92	0.061

结果表明，3 岁组和 4 岁组幼儿的情景记忆差异显著，$t(48)=2.95$，$p<0.01$，Cohen's $d=0.83$，4 岁组幼儿的情景记忆显著好于 3 岁组幼儿。两组幼儿的情景

预见差异边缘显著，$t(48)=1.92$，$p=0.061$，Cohen's $d=0.55$，4 岁幼儿的情景预见好于 3 岁幼儿。这说明随着年龄的增长，幼儿的情景记忆和情景预见能力都有提高。同时，两组幼儿的语义经验不存在显著差异，$p > 0.05$，Cohen's $d=-0.29$。

（二）3 岁与 4 岁幼儿情景记忆、语义经验和情景预见的关系

对两组幼儿的情景记忆、语义经验和情景预见得分进行相关分析，结果见表 3-9。

表 3-9　3 岁和 4 岁幼儿情景记忆、语义经验和情景预见的相关分析

因变量	语义经验	情景预见
情景记忆	0.22（0.40*）	0.29（0.47*）
语义经验		-0.11（0.08）

注：括号外的值为 3 岁组儿童的数据，括号里的值为 4 岁组幼儿的数据；* $p<0.05$。

结果表明，3 岁组幼儿的情景记忆、语义经验和情景预见之间的相关均不显著。而 4 岁组幼儿的情景记忆和情景预见相关显著，情景记忆和语义经验之间相关也显著，只有语义经验和情景预见之间的相关不显著。

（三）讨论与结论

本节的结果基本证明了研究假设。

首先，4 岁组幼儿的情景记忆能力显著地好于 3 岁组幼儿，这与以往的研究结果一致（Atance et al.，2015；Scarf et al.，2013；Atance，Meltzoff，2005），而且 4 岁组幼儿的情景预见好于 3 岁组幼儿，差异边缘显著。

其次，3 岁组幼儿的情景记忆、语义经验和情景预见之间的相关都不显著，语义经验和情景记忆之间的相关也不显著。而 4 岁组幼儿的情景记忆和情景预见、语义经验之间的相关都显著，但语义经验和情景预见之间的相关不显著。可能的解释是，3 岁幼儿的情景记忆和情景预见处于萌芽阶段，两者之间的联系并没有建立起来；而语义经验虽然产生较早，但是同样无法与处于发展初期的情景记忆产生联系。4 岁之后，情景记忆和情景预见逐步发展，两者开始产生联

系，情景记忆对情景预见的贡献也就体现出来；而语义经验也能够与情景记忆产生交互作用。这符合语义支架假说，即语义知识为提取过去信息和预见未来提供一个框架或者支架，在这个框架下，情景片段得以组织和建构，促进情景记忆的提取和情景预见的产生（Irish，Piguet，2013）。虽然仅凭相关结果很难得出确切的关系发展模式，更无法推断其背后的机制，但是本节的数据模式的确存在这样一种趋势：3 岁幼儿的情景记忆、语义经验和情景预见都没有建立联系；而在 4 岁幼儿身上，情景记忆和情景预见已经出现了联系，同时，情景记忆与语义经验的关系开始显现，似乎为语义记忆通过搭建脚手架来支持情景记忆，从而对情景预见产生影响提供了可能。

综上所述，我们得出结论，3 岁幼儿的情景记忆、语义经验和情景预见两两之间均没有关联。随着年龄的增长，4 岁左右，情景记忆和语义经验开始产生联系，情景记忆与情景预见的联系也得到增强。

第五节

中小学生和青年早期个体的情景预见：
情景记忆与自我的作用

本章第三节的研究发现，对于幼儿，不成熟的自我投射能力会对情景预见产生负面的影响。本节除了要继续延伸之前的讨论，还关注在不同年龄段影响和促进情景预见发展的其他关键因素。

Schacter 和 Addis（2007a，2007b）提出了建构-情景-模拟假说，用以解释情景预见的一般认知机制。该理论不仅关注情景记忆的作用，还强调了形成情景预见时进行组织和重构的过程。大量的证据已经表明，情景记忆和情景预见具有共同的认知神经基础（Lind et al.，2014b）。有研究者对这种相似性产生的原因进行了解释。

Buckner 和 Carroll（2007）强调了"自我投射"的重要性，自我投射即以自我为参照点，将当前环境向想象中的未来环境进行的知觉转换，情景预见可以看作是从现在到未来的转换，由于过去经验是转换视角和想象未来的基础，所以自我投射必然要依赖于记忆系统。Hassabis 等（2007a）认为情景预见和情景建构的相似性依赖于共同的"情景建构"，即产生和维持一个连贯的多通道的空间表征，而时间上的自我投射和自我相关的加工则是一种在多通道情景建构基础上的拓展。虽然对自我投射和情景建构重要性的强调不同，但两组研究者都认为自我和记忆是心理时间旅行中不可或缺的两个部分。

情景记忆对情景预见的支持作用已经得到了众多行为实验（Szpunar，McDermott，2008；D'Argembeau，van der Linden，2004，2006）和神经成像研究（Botzung et al.，2008；Addis et al.，2007；Okuda et al.，2003）的证实。也有证据表明了自我与情景预见的关系。有研究发现，不同类型的自我描述与情景预见具有一定的关系模式：偏向个人型的被试在想象未来时更多地集中于自己，而偏向社会型的被试想象未来时更多地集中于与他人的交往过程（Shao et al.，2010）。还有研究发现，与个人目标有关的知识在情景预见中发挥了重要的作用（D'Argembeau，van der Linden，2012；D'Argembeau，Mathy，2011）。而且，通过实验操控的自我效能感能帮助个体有选择地建构过去和未来事件，促进其社会问题的解决（Brown et al.，2012）。

如上所述，情景记忆、自我与情景预见关系密切，那么这种影响是何时产生的呢？由于情景记忆与情景预见发生的时间相近，发展模式相似（Hayne et al.，2011；Busby，Suddendorf，2005），所以情景记忆对情景预见的支持作用可能较早就出现了。而自我对情景预见的作用模式相对复杂。虽然幼儿可以讲述关于自我的故事（Reese，Brown，2000），但 12 岁以下的儿童报告的记忆内容里大多是可观察和可感知的信息，较少包含自己和他人的心理状态与想法解释，此类信息从青少年早期到中期有明显的提高，但直到青少年后期才占主导地位，在这一过程中，儿童和青少年利用他们对心理状态和自我的理解去组织个人经验，并赋予其一定的意义（Pasupathi，Wainryb，2010）。也就是说，通过自传体推理（将过去、现在和未来不同部分的生活与人格和发展建立联系的活动）建立自我连续感（随着时间的推移，个人仍然维持原状的感受，是自我同一性的重要组成方面，代表着不同时期自我的整合）的过程在儿童晚期到青年期会有质的飞跃（Pasupathi，Mansour，2006；Habermas，Bluck，2000）。

　　因此，自我对情景预见的组织作用将通过不同的形态在发展中逐步表现出来。在儿童晚期和少年期，自我更多地采用感知到的直接信息进行建构，此时通过自我描述能够较为准确地捕捉到自我发展的特点；到了青少年中后期，自我的建构不再局限于可观察的当前信息，而更多地依赖于对自己和他人心理状态的解释和反思，体现出不同时期的整合，此时自我连续性则成为评估自我更恰当的指标（McLean et al.，2013；McLean，2008；McLean，Thorne，2003）。而心理时间旅行在被自我组织的同时，也在创造和改变着自我（Cosentino，2011；McKeough，Malcolm，2011）。

　　综上所述，本节试图比较在各个年龄段，关键的影响因素（自我和情景记忆）对情景预见发展的作用模式的差异。首先，以小学中高年级学生（9～12岁）和初中生（13～15岁）为研究对象，通过访谈，让被试回忆过去和想象未来，以情景细节的数量作为心理时间旅行的指标，考察两个年龄段内部情景预见和情景记忆的关系，同时根据该年龄段儿童的发展特点，以自我描述作为评估自我的指标，探讨自我和情景记忆与情景预见的关系模式的可能变化。然后，以高中生和大学生（17岁、19岁、21岁）为研究对象，以相似的指标评估青年早期个体心理时间旅行的发展，以自我连续性作为评估自我的指标，考察青年早期情景记忆和自我与情景预见的关系模式。最后，对两个研究的结果进行整合，说明儿童中晚期、少年期和青年早期情景记忆和自我对情景预见的作用模式的变化。

一、中小学生的情景预见：情景记忆与自我的作用

（一）研究方法

1. 被试

选取长春市某小学 135 名三至六年级学生（9～12岁）和大连市某中学 93名初一至初三学生（13～15岁），在每个年级分层随机取样。其中，三年级 38人（年龄：M=9.0岁，SD=0.62），男女各半；四年级 35 人（年龄：M=10.1岁，

SD=0.48），男生 16 人，女生 19 人；五年级 31 人（年龄：M=10.9 岁，SD=0.26），男生 15 人，女生 16 人；六年级 31 人（年龄：M=11.9 岁，SD=0.32），男生 16 人，女生 15 人；初一年级 34 人（年龄：M=12.5 岁，SD=0.30），男生 19 人，女生 15 人；初二年级 33 人（年龄：M=13.6 岁，SD=0.48），男生 16 人，女生 17 人；初三年级 26 人（年龄：M=14.6 岁，SD=0.48），男女各半。

2. 程序

我们根据 D'Argembeau 等（2010）使用的经典研究范式，进行心理时间旅行的一对一访谈。访谈中，要求被试在脑海中回忆或想象四个时段（去年、过去 3~5 年、明年及未来 3~5 年）内所发生的特定事件。

访谈结束后，要求学生填写 10 个以"我"开头的描述自己的句子。

3. 编码

（1）心理时间旅行

根据 Levine 等（2002）使用的评分标准对心理时间旅行的访谈内容进行编码。编码者首先需要将每个被试描述的内容分为若干片段，再将每个片段归到 8 个细节类别中，并分为内部细节和外部细节。

（2）自我描述

在对以"我"开头的句子进行编码时，按照个体自我描述、集体自我描述及公众自我描述进行三类独立评分，符合某一类别的描述将归到相应类别中，进行频次的累加（Wang Q et al.，1998）。其中，个体自我描述指集中于个体特征、状态和行为的描述（如"我很高""我很聪明""我很紧张"）。集体自我描述指集中于组织成员内容的描述（如"我是女孩""我是杨姓家族中的一员"）。公众自我描述指个体与他人的互动和他人对自己的看法（如"别人认为我很和蔼""我是个乐于助人的人"）。

4. 评分者一致性信度

一名主试按照编码系统对被试的回答进行编码，另一名受过培训的心理学专业研究生作为第二编码者对随机抽取的 20%被试的资料进行独立编码。采用积差相关，两名编码者对被试报告的过去内部细节和未来内部细节的编码一致性分别为 0.92 和 0.94，对被试报告的个体自我描述、集体自我描述和公众自我描述编码的一致性分别为 0.93、0.95 和 0.92。

（二）结果与分析

首先，对小学生情景预见、情景记忆与个体自我描述、集体自我描述和公众自我描述进行相关分析，结果如表 3-10 所示，情景预见（未来内部细节）只与情景记忆（过去内部细节）相关显著。当控制了年级进行偏相关分析时，两者相关略有下降，$r=0.58$，$p<0.001$。接下来，将年级和情景记忆作为自变量进行进一步的逐步回归分析，结果发现，只有情景记忆能够显著预测情景预见，$\beta=0.60$，$R^2=0.35$，$p<0.001$。

表 3-10　小学生心理时间旅行与自我描述的相关分析

变量	个体自我描述	集体自我描述	公众自我描述	过去内部细节
集体自我描述	-0.50**			
公众自我描述	-0.79**	-0.13		
过去内部细节	-0.13	-0.03	0.17*	
未来内部细节	-0.07	-0.09	0.14	0.60**

注：*$p<0.05$，**$p<0.01$。

其次，对初中生情景记忆和自我描述与情景预见的关系进行了统计分析。对初中生情景预见、情景记忆与个体自我描述、集体自我描述和公众自我描述进行相关分析，结果如表 3-11 所示。

表 3-11　初中生心理时间旅行与自我描述的相关分析

变量	个体自我描述	集体自我描述	公众自我描述	过去内部细节
集体自我描述	-0.46**			
公众自我描述	-0.34**	-0.11		
过去内部细节	-0.07	-0.03	-0.06	
未来内部细节	-0.02	0.23*	-0.12	0.45**

注：*$p<0.05$，**$p<0.01$。

结果表明，情景预见（未来内部细节）不仅与情景记忆（过去内部细节）相关显著，还与集体自我描述相关显著，但情景记忆与集体自我描述相关不显著。进一步的逐步回归分析表明，情景记忆（$\beta=0.46$）和集体自我描述（$\beta=0.24$）

能够显著地预测情景预见，R^2=0.25，$p<0.001$。

综上所述，情景记忆和自我描述对情景预见的贡献在不同年龄段表现不同：在小学阶段，情景记忆是情景预见的可靠预测源；在初中阶段，除了情景记忆的贡献，自我的作用开始显现。

二、青年早期个体的情景预见：情景记忆与自我的作用

本节以自我连续性作为评估自我的指标，探讨青年早期个体的情景记忆、自我与情景预见的关系模式。根据之前的研究，我们建构了如下的模型：①情景记忆是情景预见的基础和稳定的预测源；②自我连续性除了作为组织者推动情景预见的发展，也在心理时间旅行中不断被塑造，因此它应该是作为中介变量发挥作用。

（一）研究方法

1. 被试

在辽宁省的一所高中和一所高校选取高二、大一和大三 3 个年级的 91 名学生，在每个年级分层随机取样。其中，高二年级 30 人（年龄：M=16.5 岁，SD=0.86），男女各半；大一年级 31 人（年龄：M=18.5 岁，SD=0.93），男生 15 人，女生 16 人；大三年级 30 人（年龄：M=21.1 岁，SD=0.85），男女各半。

2. 程序

被试先完成心理时间旅行的访谈，休息之后再完成自我定义记忆的访谈。

根据 McLean（2008）使用的自我定义记忆的访谈程序，首先要告知被试自我定义记忆的概念。自我定义记忆指的是生动的、记忆深刻的、对个人很重要的，至少在 1 岁之后的，能够很好地表达一个人怎样成为当下自己的记忆。主试在确认被试了解了自我定义记忆的概念之后，要求被试对其记忆进行报告。报告结束后，还要求被试详细说明该记忆对其当下的自我的影响，以及选择该事件作为自我定义记忆的原因。被试还会被问及是否他们对别人讲过这个记忆。

对别人讲述该记忆的过程在这里会与原报告内容一并编码。之所以问及是否对别人讲过这个记忆，是因为这些问题需要个体有更长的时间透视，能够包括更多的叙述信息。这样做有利于我们更好地捕捉被试自传体推理的过程。

3. 编码

（1）心理时间旅行

对青年早期个体心理时间旅行的编码方式与中小学生相同，也采用内部细节的数量作为情景记忆和情景预见的主要指标。

（2）自我连续性

参考 McLean（2008）的编码标准，评分者根据被试报告的自我定义记忆的内容，将符合某一类别的描述归到相应类别中，即"自我与事件的连接"和"事件与事件的连接"，然后进行频次的累加。"自我和事件的连接"指的是在叙事中，叙述者将事件的某些方面和自我的某些方面相联系的部分。只有当评分者找到自我与事件明确连接的证据时才可以算作一个"自我与事件的连接"。例如，将事件和人格的某些方面、自我价值感、幸福感、个人成长、价值观、行为、情绪状态、人生观、兴趣爱好/职业、处事方式或对这个世界外部的概括化的叙述相连接。若同一主题有一个以上的连接，只当作一种连接来进行编码。"事件与事件的连接"指一个事件和另一个事件的联系，或几个事件反映了相同的主题。被试可能会谈论很多的事件，但这并不一定意味着事件和事件之间存在连接。除非被试明确表示了不同事件之间的连接，否则，详细阐述同一事件，甚至持续几年时间的同一事件都不能算作事件之间的连接。最后，将"自我与事件的连接"频次与"事件与事件的连接"频次相加，来衡量自我连续性水平，分数越高，说明个体的自我连续感越强。

4. 评分者一致性信度

一名主试按照编码系统对被试的回答进行编码，另一名受过培训的心理学专业对随机抽取的 20%被试的数据进行独立编码。两名编码者对被试报告的过去内部细节和未来内部细节的编码一致性（积差相关系数）分别为 0.97 和 0.94，对"自我与事件的连接""事件与事件的连接"的编码一致性（归类一致性指数）分别为 0.77 和 0.89。

（二）研究结果与分析

首先对情景预见（未来内部细节）、情景记忆（过去内部细节）与自我连续性进行相关分析，结果如表 3-12 所示，情景预见与情景记忆、自我连续性存在显著的正相关，同时，情景记忆与自我连续性之间的相关也显著。

表 3-12　心理时间旅行与自我连续性的相关分析

变量	自我连续性	过去内部细节	未来内部细节
自我连续性	1.00		
过去内部细节	0.21*	1.00	
未来内部细节	0.36**	0.64**	1.00

注：*$p<0.05$，**$p<0.01$。

根据之前的理论假设，为了探讨青年早期情景记忆对情景预见的直接效应和自我连续性对情景预见的中介效应，我们依照温忠麟和叶宝娟（2014）提出的"新的中介效应检验流程"进行了中介效应的分析，如表 3-13 所示。第一步，以情景记忆为预测变量（x）对结果变量情景预见（y）进行回归分析；第二步，以情景记忆为预测变量（x）对中介变量自我连续性（m）进行回归分析；第三步，以预测变量情景记忆（x）和中介变量自我连续性（m）同时对结果变量情景预见（y）进行回归分析。结果表明，依次检验（前面的 3 个 t 检验）都是显著的，所以自我连续性的中介效应显著，由于第 4 个 t 检验也显著，所以该中介效应是部分中介效应，直接效应也存在。中介效应的值为 0.05，直接效应为 0.59，中介效应占总效应的 8%。通过第三步回归分析还发现，情景记忆和自我连续性能解释情景预见变异的 44.8%。

表 3-13　自我连续性（m）的中介效应依次检验

步骤	标准化回归方程	回归系数检验
第一步	$y=0.64x$	$SE=0.081$，$t=7.85^{***}$
第二步	$m=0.21x$	$SE=0.104$，$t=2.04^{*}$
第三步	$y=0.23m$	$SE=0.080$，$t=2.88^{**}$
	$0.59x$	$SE=0.080$，$t=7.37^{***}$

注：*$p<0.05$，**$p<0.01$，***$p<0.001$。

综上所述，青年早期的情景记忆仍是情景预见的有效预测源，同时其通过自我连续性的中介效应对情景预见发挥作用。

三、讨论与结论

研究结果表明，无论是儿童中晚期、少年期还是青年早期，情景记忆都是情景预见的稳定且有效的预测源。该结果支持了建构-情景-模拟假说（Schacter，Addis，2007a），也就是说，模拟未来情景是在灵活利用过去经历的各种要素的基础上进行的，证实了情景记忆是情景预见的基础。该结果也支持了 Hassabis 等（2007a）的观点，即情景预见和情景记忆的相似性依赖于共同的情景建构，即产生和维持一个连贯的多通道的空间表征。

不同于情景记忆，自我描述直到少年期才能够显著预测个体的情景预见能力。本章第二节的研究发现，自我控制能力低的幼儿在回忆过去时，对可控性高的事件报告出更多的具体内容，但没有发现自我控制能力对幼儿的情景预见有影响。也就是说，在发展的早期，自我对情景预见的贡献还比较小。到了少年期，个体的自我同一性开始发展，其集体自我描述越详细，说明其归属感越强，也就越有利于其自我同一性的发展，从而促进其展开丰富的想象。也就是说，自我描述能够引导个体对未来事件的建构，但这种作用在少年期才会出现。

根据之前的理论假设，自我描述在儿童期和少年期能够较好地表征自我的发展；到了青少年后期，通过自传体推理建立的自我连续感开始发挥作用，组织个人经验，并赋予其意义。因此，我们对于青年早期的个体采用自我连续性作为评估自我发展的指标，深入探讨其自我的发展与心理时间旅行的关系。结果表明，情景记忆会通过自我连续性的中介作用对情景预见产生影响。详细来说，个体在单一的生活事件中挖掘自我的意义需要以情景记忆为基础，由其提供原材料，同时，个体将若干事件所蕴含的意义相互联系，找到连续发展的自我，而这种跨时间的自我成长又会进一步组织看似零散的生活片段，以自我为参照点，将当前环境向想象中的未来环境进行知觉转换，形成情景预见。有研究发现，无论是青年组（18～22 岁）还是老年组（60～89 岁），自我对过去和未来事件的建构都有一定调控作用（Chessell et al.，2014），证实了自我在心理时间旅行中的确有其独特的贡献。

综上所述，无论是情景记忆对情景预见直接的影响，还是其通过自我连续性间接地作用于情景预见，都支持了情景建构的观点（Hassabis，Maguire，2007），即心理时间旅行是以连贯的多通道的空间表征为基础的；而自我连续性的中介作用则支持了自我投射理论（Buckner，Carroll，2007），显示出了自我连续性在心理时间旅行中的组织作用。同时，建构-情景-模拟假说（Schacter，Addis，2007a）可以较好地融合这两类观点：情景预见需要情景记忆提供基础原材料，但是对过去情景细节的重组并不是复制，自我连续感在整合方面起到了重要作用，虽然自我是连续的，但这并不意味着自我是完全相同、一成不变的，自我发展的过程体现出了心理时间旅行的重构性。

本节的研究在不同年龄段发现了自我与心理时间旅行的不同关系模式，这可能与脑的发育特点有关。已有研究发现，额叶，尤其是前额叶，对于个体超越即时的当前环境、灵活地转换自己的视角进行自我投射和自我反思有重要贡献（Herwig et al.，2012；Buckner，Carroll，2007；Ochsner et al.，2005；Johnson et al.，2002），而内侧颞叶（主要包括海马和周围皮层）在陈述性记忆（包括情景记忆）的建构、保持和将情景进行可视化的加工（情景建构）中发挥了重要的作用（Buckner，Carroll，2007；Hassabis，Maguire，2007）。

在脑的发育过程中，额叶成熟比较晚，其在青春期仍在发育并且发育会持续到成年期。与相对简单的皮层（如边缘系统）的发育模式不同，前额叶皮层的发育轨迹更加复杂，而且大部分白质在青少年时期会持续增长（鞠恩霞等，2010）。在本节中，由于海马成熟较早，在儿童期就开始发挥作用，促进情景建构，通过对情景记忆的解构来建构情景预见，所以在儿童期就可以看到情景记忆对情景预见的预测作用；而前额叶成熟比较晚，海马与新皮层的神经联系在发展中也会逐步加强，从而促进自我连续性进一步发挥组织作用，所以自我的作用在少年期才开始显现出来，而到了青年早期才能体现出作用的复杂性。Qin 等（2014）发现，儿童在数学运算中，从以程序动作为基础的点数策略向以记忆为基础的提取策略转换的过程中，海马的参与程度会增加，海马与新皮层的功能连接强度也会增加，但是等到了青少年期和成年期，随着新皮层联系的重组和新获得知识的稳定与巩固，个体对海马的依赖程度会有所降低。这说明认知发展会伴随着脑功能的重组，而这种变化可能是认知功能发展变化的生理基础。

综上所述，本节的研究发现：在儿童期，情景记忆能有效预测个体的情景预见水平；在少年期，情景记忆的作用依然保持，自我描述对情景预见的影响开始显现；在青年早期，情景记忆不仅发挥直接作用，还以自我连续性为中介变量作用于情景预见。

第六节

成年期情景预见的动力机制：自我的作用

心理时间旅行的相关研究起始于 20 世纪末，于 21 世纪初受到了研究者的重视，主要从比较心理学的角度探讨心理时间旅行的种系发生图谱，从发展心理学的角度考察心理时间旅行的发生发展状况，从认知神经科学的角度揭示心理时间旅行的认知机制和神经基础（刘岩等，2010）。为了揭示其中的认知机制，建构-情景-模拟假说提出，个体过去的经历是其预见未来的基本信息来源和重要基础，同时个体对未来事件的模拟具有重构性，是对记忆信息进行重新组合的过程（Schacter et al., 2008）。其中，情景记忆对情景预见加工的作用已经得到行为和神经成像研究的不断证实（Botzung et al., 2008；Szpunar, McDermott, 2008；Addis et al., 2007；D'Argembeau, van der Linden, 2004, 2006），对重构过程的探讨也取得了一些成果（Liberman, Trope, 2008；Gilbert, Wilson, 2007），但是从自我角度探讨重构过程动力机制的研究还相对较少。

有研究表明，自我可能是情景预见加工的驱动力之一（D'Argembeau, van der Linden, 2012；D'Argembeau, Mathy, 2011）。Shao 等（2010）发现，不同类型的自我描述与心理时间旅行具有一定的关系模式：偏向个人型的被试（更多关注自己的，与他人无关的品质、态度、信念和行为）在想象未来时更多地集中于自己，而偏向社会型的被试（更多强调其社会角色、组群成员或重要他人和关系等）想象未来时更多地集中于与他人的交往过程。该研究提示我们，不同的自我描述类型可能会导致心理时间旅行，尤其是情景预见过程建构上的差异。该研究仍有可继续延伸的空间。他们对自我的考察采用了以"我"开头陈述句的方式，将其分成个人型和社会型，然后与心理时间旅行中自我定向的程度进行相关分析。但是该研究均采用自我报告的方式评估自我和获得心理时间旅行的指标，且编码方式具有一定的相似性，很可能会人为地增加自我与心理时间旅行的相关性，而且相关研究也很难推断因果关系，无法确证自我对心理时间旅行的影响。

因此，本节从两个角度对该研究做进一步的延伸。第一部分仍然采用相关研究，但不再对自我概念进行定向的编码，而是通过问卷考察核心自我评价的不同维度与心理时间旅行的关系，关注的是作为认知活动背景的特质性自我概念，目的是对两者关系有一个系统全面的理解；第二部分进一步采用因果设计，通过故事启动的方式区分自我概念的不同类型，关注的是工作自我（为当前的工作记忆所激活的部分自我图式），也就是状态性自我概念对心理时间旅行，尤其是情景预见加工的引导作用。

具体来说，第一部分采用 Judge 和 Bono（2001）定义的核心自我评价的概念，即个体对自身能力和价值所持有的最基本的评价。他们认为"核心自我评价"包含 4 种具体的特质：自尊、一般自我效能、控制点和情绪稳定性。根据前人的研究，我们将采用不同的量表对这 4 个方面分别进行评估（杜卫等，2007）。同时，我们通过访谈考察心理时间旅行的流畅性、特异性和情境细节的多少（D'Argembeau et al.，2010），探讨核心自我评价的不同方面与心理时间旅行，尤其是情景预见各维度的关系。

第二部分采用了跨文化研究对自我概念的分类。有研究表明，生长于不同文化背景下的个体更容易形成不同类型的自我概念（Fiske et al.，1998），其中，欧美文化更容易促使个体形成独立型自我概念，相反，东亚文化则更容易促使个体形成互倚型自我，这种差异还能够从自我与他人神经表征的融合程度上表现出来（韩世辉，张逸凡，2012）。虽然不同文化对自我的建构可能存在一定的导向性，但自我概念的这两种类型并不是完全独立的，它们可以并存于同一文化，甚至同一个体，只是会有强弱的差异（Brewer，Gardner，1996；Markus，

Kitayama，1991）。其中，独立型自我的个体行为通常源于自己内在的思想或感觉，而非参照他人，他们评价和描述事物注重本质而非具体情境；互倚型自我则强调个人与他人之间的关联性和互倚性，关注角色和关系，认为个体与情境是融为一体的，强调事物的内在联系及情境信息。

在第二部分中，我们采用启动的方式（柴俊武等，2011），使被试的独立型或互倚型自我在意识中占优势，探讨不同的自我概念类型对心理时间旅行，尤其是情景预见过程可能产生的影响。我们选取了特异性和情景细节作为评估心理时间旅行的指标（D'Argembeau et al.，2010；Shao et al.，2010）。其中，对情景细节的客观评估主要考察心理时间旅行中个人定向的程度（更多涉及自我还是更多关联他人）。我们假设，互倚型自我思考问题时更关注情景信息，且更具体，因此更容易建构特异性情景；独立型自我则将自己视为独立的个体，因此在心理时间旅行中会更关注自身。同样，产生情景的清晰程度与情绪感受也会受到两种不同自我概念类型的影响。

一、核心自我评价与心理时间旅行的关系

（一）研究方法

1. 被试

从大连市两所高校选取大学本科生 60 人，男女各半，年龄为 19～23 岁。每名被试在实验前签署知情同意书，完成所有任务后，会得到一定金额的人民币作为报酬。

2. 材料

参考杜卫等（2007）的研究，我们选择以下 4 个量表评估核心自我评价的 4 个维度。

"自尊"采用 Rosenberg 于 1965 年编制的自尊量表（The Self-Esteem Scale，SES）进行测量，它是对自己积极或消极感受的直接评估。该量表共 10 个题目，采用 4 点计分，其中，"1"表示非常符合，"4"表示非常不符合，分值越高，

自尊程度越高。根据已有的研究，该量表具有较高的信效度，并被广泛使用。

"一般自我效能"采用一般自我效能量表（General Self-Efficacy Scale，GSES）进行评估。该量表由 Schwarzer 等于 1981 年编制，中文版由张建新等修订，至今已被证明具有良好的信度和效度。该量表共 10 个项目，采用 4 点计分，从 1（完全不正确）到 4（完全正确），总分越高表明一般自我效能感越高。

"控制源"采用 Levenson 于 1981 年编制的内控、有势力的他人和机遇量表测量。这组量表反映了心理控制源构成中三个不同的组成部分，我们选取内控性部分，测量人们在多大程度上相信自己能够驾驭自己的生活。此分量表共 8 道题目，采用 7 点计分，从非常不同意（−3 分）到非常同意（3 分），总分范围为−24～24 分，为统计方便，我们在总分上加上 24 分，以去掉负值。得分越高表明内控倾向越强。该量表具有较好的信效度。

"情绪稳定性"采用陈仲庚于 1983 年修订的艾森克人格问卷中的神经质分量表进行评估。该量表包括 24 个题目，要求被试根据个人情况针对每个选项选择"是"或者"否"，"是"计 1 分，"否"计 0 分。分数范围为 0～24 分，高分表示高神经质，低分表示低神经质。该量表中文版在国内得到了广泛的应用，具有较好的信度和效度。

3. 程序

被试先填写包含以上 4 个量表的一份问卷，之后完成心理时间旅行的访谈。参照 D'Argembeau 等（2010）的研究，访谈过程共包括以下 3 个部分。

1）心理时间旅行的流畅性。主试分别提供 4 个时间段供被试回忆或想象：去年、过去 5～10 年、明年和未来 5～10 年。要求被试在 60 秒内尽可能多地报告在特定时间段已发生或可能发生的事件。将过去和未来呈现的顺序进行平衡，但无论对于过去还是未来，1 年期都会先呈现。最后强调报告的事件可以是小事，也可以是重要的事，但不做任何与事件特异性有关的提示。

2）心理时间旅行的特异性。线索词写在卡片上，每次呈现 1 个，共 12 个，要求被试在 30 秒内，对每个线索词回忆或想象一个具体事件。报告的事件可以是重要的事，也可以是小事，但必须是特定的。如果被试的第一反应不是一个特定事件，主试就要求他们再回忆或想象一个具体场景。在正式开始前，要求被试做 2 次练习，以熟悉特异性事件的相关特征。

3）心理时间旅行的情景细节。我们使用了两个线索词：见朋友和度假，一个用于过去，另一个用于未来。要求被试在脑海中想象情景，就好像正在亲身感受一样，尽可能多地描述感官细节。关于特异性的要求与特异性访谈相同。但要进一步明确，想象的事件应该是合理和崭新的。这个任务没有时间限制。我们平衡了被试完成过去和未来情境任务的顺序。

每描述完一个事件，我们还要求被试在 5 个方面，即事件表征的视觉细节的数量、位置的清晰程度、时间的清晰程度、情绪情感的丰富程度和身临其境的程度，对其形成的心理片段进行 7 级评分。

4. 评分

我们对于心理时间旅行各个指标的编码均参考了 D'Argembeau 等（2010）的研究。

1）心理时间旅行的流畅性。我们以被试报告事件的数量作为指标，如果被试给出的是一般性的描述，就不计分。分别将每个被试在两个过去时间段与两个未来时间段内给出答案的总和记为情景记忆流畅性分数和情景预见流畅性分数。

2）心理时间旅行的特异性。被试对每个线索词给出的叙述中若有符合特异性要求的事件，就在这个线索词上计 1 分；否则，计 0 分。最后将被试在回忆和想象时报告的具体事件的数量分别累加，得到情景记忆特异性分数和情景预见特异性分数，分数范围均为 0～6 分。

3）心理时间旅行的情景细节。将被试的描述分成若干片段，每个片段都归到以下 5 类之一：空间参照性、实体、知觉描述、思想/情绪/动作和时间参照性。同时，重复的陈述、无关的细节及其他不能被归到这 5 个类别中的无关信息都被剔除。计分时，每个类别的分数不能超过 7 分，5 个类别的分数之和为总分，最多 35 分。

5. 评分者一致性检验

参照前人的计算方法（D'Argembeau et al., 2010；Shao et al., 2010），心理时间旅行的流畅性、特异性和情景细节的一致性信度分别为 0.94、0.83 和 0.80。

（二）结果与分析

由于本节的目的是考察核心自我评价和心理时间旅行的关系，我们将核心自我评价的 4 个指标（自尊、一般自我效能、控制源和情绪稳定性）与情景记忆和情景预见的 4 个指标（流畅性、特异性和情景细节的主客观评价）进行相关分析。结果表明，自尊与回忆过去的特异性得分呈显著正相关，$r=0.29$，$p<0.05$，自尊与回忆过去时情景细节的主观评分呈显著正相关，$r=0.31$，$p<0.05$，自尊与情景预见的流畅性呈显著正相关，$r=0.44$，$p<0.001$；一般自我效能与情景预见时情景细节的主观评分呈显著正相关，$r=0.36$，$p<0.01$。也就是说，在核心自我评价的 4 个指标中，自尊与心理时间旅行的关系最为密切，一般自我效能则可能与情景预见有关。

下面，我们通过回归分析进一步评估这几个变量对情景预见加工的贡献。

首先，我们以自尊、一般自我效能、内控性、情绪稳定性和情景记忆的流畅性得分为自变量，以情景预见的流畅性得分为因变量进行逐步回归分析。结果表明，情景记忆的流畅性（$\beta=0.60$，$p<0.001$）和自尊（$\beta=0.30$，$p<0.005$）进入了回归方程，能够显著地预测情景预见流畅性得分的变异，前者的解释量为 44.3%，后者的解释量为 8.7%，而其他变量没能进入回归方程。

其次，我们以自尊、一般自我效能、内控性、情绪稳定性和情景记忆的特异性得分为自变量，以情景预见的特异性得分为因变量进行逐步回归分析。结果表明，只有情景记忆的特异性（$\beta=0.53$，$p<0.001$）进入了回归方程，能够显著地预测情景预见特异性得分的变异，解释量为 26.5%，而其他变量没能进入回归方程。

再次，我们以自尊、一般自我效能、内控性、情绪稳定性和回忆过去时的情景细节的客观评分为自变量，以情景预见时情景细节的客观评分为因变量进行逐步回归分析。结果表明，只有回忆过去时的情景细节的客观评分（$\beta=0.38$，$p<0.005$）进入了回归方程，能够显著地预测情景预见时情景细节的客观评分的变异，解释量为 14.6%，而其他变量没能进入回归方程。

最后，我们以自尊、一般自我效能、内控性、情绪稳定性和回忆过去时的情景细节的主观评分为自变量，以情景预见时情景细节的主观评分为因变量进行逐步回归分析。结果表明，只有一般自我效能（$\beta=0.36$，$p<0.01$）进入了回归方程，能够显著地预测情景预见时情景细节的主观评分的变异，解释量为13.1%，而其他变量没能进入回归方程。

研究发现，除了情景记忆，核心自我评价对情景预见过程也有一定的预测作用：自尊能够有效预测情景预见加工的流畅性，一般自我效能则能够预测情景预见时情景细节的主观评价，甚至超越了情景记忆的作用。如前所述，核心自我评价是个体潜意识所持有的对自身的基准评价，是个体对自我最基本的认识。根据第一部分的结果，我们了解了作为认知活动背景的特质性自我概念与心理时间旅行之间的关系。第二部分的研究将采用故事启动的方法使不同类型的自我概念在意识中占优势，进一步通过因果设计考察状态性自我概念对心理时间旅行，尤其是情景预见过程的引导作用。

二、不同类型的自我概念对心理时间旅行的影响

（一）研究方法

1. 被试

在大连市的一所高校随机选取60名在校大学生，将其随机分配到独立组与互倚组，每组各30人，男女各半，年龄均为19～23岁。每名被试在实验前签署知情同意书，完成所有任务后，会得到一定金额人民币作为报酬。

2. 设计

实验采用2×2双因素混合设计。自变量为时间（过去VS未来）和自我概念类型（独立组VS互倚组）。其中，时间为被试内变量，自我概念类型为被试间变量。因变量为心理时间旅行的特异性和情景细节的主客观评价。

3. 材料

根据前人的研究，我们编制了独立型和互倚型自我概念的启动材料。其中，独立组的启动材料是提供一个个人智力竞赛的场景，要求被试根据输赢的概率

与奖金的多少来选择答题的数目和是否回答；而互倚组的启动材料是提供一个团体竞赛的场景，要求被试根据场景中的人物关系来决定自己的行为表现。无论哪种情景，被试在作答以后都要回答选择的理由。

自我概念操控有效性的检查包括 6 个项目，其中 3 个项目用于测量被试聚焦自我的程度，另外 3 个项目用于测量被试聚焦朋友或他人的程度，每个题目采用–3（完全不符合）到 3（完全符合）评分（柴俊武等，2011）。

4. 程序

被试逐一进行实验。首先，启动被试的独立型或互倚型自我，被试答完启动问题后，还要填写自我概念操控检查表。接下来，采用访谈法测查被试心理时间旅行的特异性与情景细节，并要求被试进行相应的主观评分。特异性的测量同前面的研究。情景细节的访谈程序根据 Shao 等（2010）的研究改编。在访谈中，呈现 4 个时间段：去年、过去 5~10 年、明年和未来 5~10 年，呈现的顺序在不同组之间进行平衡。每次提示被试一个时间段，要求其回忆或想象在此时间段里发生过或可能发生的一个特定事件，要尽可能详细，没有时间限制。对特定事件的要求与特异性任务相同。被试在描述完一件事后，要求其在 5 个方面，即物体的清晰程度、人物的清晰程度、情绪效价、情感的丰富程度和身临其境的程度，对其形成的心理片段进行 7 级主观评分。

5. 评分

心理时间旅行的特异性计分同第一部分的研究。情景细节的客观评估参考了 Shao 等（2010）的研究，对报告的内容以一个命题（主语+谓语动词）作为一个编码单元。当一个命题表达被试自己的思想、情感、动作、倾向与行为时，记为"个人的"，在此维度上计 1 分；当一个命题表达社会交往、集体活动及他人角色时，记为"社会的"，在此维度上计 1 分。我们分别在过去与未来两个时间取向将"个人的"和"社会的"得分相加，得到回忆过去"个人的"得分、回忆过去"社会的"得分、预见未来"个人的"得分和预见未来"社会的"得分。

这里，我们用个体在心理时间旅行中的"个人定向比率"来度量被试自我定向的程度。个人定向比率等于"个人的"得分与"社会的"得分之差与"个人的"得分与"社会的"得分之和的比值，也就是在控制了回忆或想象长度的前提下，评估每个个体自我定向的程度。每个被试都有"过去个人定向比率"和"未来个人定向比率"两个分数，分数范围为-1～1。其中，正分（与负分相比）表明被试回忆或想象时更多地关注与自我有关的内容（与社会内容相比）。

对情景细节的主观评估包括 3 个指标（D'Argembeau，van der Linden，2004）。其中，物体的清晰程度、人物的清晰程度及身临其境的程度三个题目属于感知觉的丰富程度，将其累加平均得到细节丰富度的得分，此外，还包括情感丰富度和情绪效价。情景细节的主观评分在过去和未来两个维度分别相加，每个维度的分数范围均为 0～14。

6. 评分者一致性信度

与第一部分的评分方式相似，结果表明，特异性和情景细节的一致性信度分别为 0.73 和 0.94。

（二）结果与分析

首先，检验启动是否成功。结果表明，被试聚焦自我的程度，即前三题得分，独立组（$M=0.64$）显著高于互倚组（$M=-0.56$），$t(59)=2.87$，$p<0.01$，Cohen's $d=0.75$，即独立组被试更关注自我。同时，互倚组被试后三题得分（$M=1.06$）显著高于前三题得分（$M=-0.56$），$t(59)=-3.64$，$p<0.005$，Cohen's $d=1.08$，即互倚组被试更关注他人。

接下来，我们分别以心理时间旅行的特异性、个人定向比率和情景细节的主观评分（细节丰富度、情感丰富度和情绪效价）为因变量，进行 2（时间：过去 VS 未来）×2（自我概念类型：独立组 VS 互倚组）的重复测量方差分析，以考察这两个自变量对心理时间旅行不同指标的影响。表 3-14 和表 3-15 呈现了相关的描述性统计值。

表 3-14 不同自我概念类型在特异性和个人定向比率上的描述性统计（$M \pm SD$）

自我概念类型	特异性		个人定向比率	
	过去	未来	过去	未来
互倚	4.13±1.07	2.70±1.56	−0.33±0.37	0.04±0.46
独立	1.71±1.33	2.07±1.17	−0.04±0.43	0.32±0.48

表 3-15　不同自我概念类型在情景细节主观体验不同指标上的描述性统计（$M \pm SD$）

自我概念类型	细节丰富度		情感丰富度		情绪效价	
	过去	未来	过去	未来	过去	未来
互倚	10.42 ± 2.14	9.12 ± 2.24	10.63 ± 2.24	10.10 ± 2.66	9.53 ± 3.24	10.63 ± 2.66
独立	11.74 ± 1.71	9.77 ± 2.48	11.57 ± 2.18	11.33 ± 2.38	10.23 ± 3.58	12.47 ± 2.05

当因变量是心理时间旅行的特异性得分时，时间主效应显著，$F(1, 58)=$ 47.56，$p<0.001$，$\eta_p^2=0.45$，被试在回忆过去时产生的特异性事件显著多于想象未来时；自我概念类型的主效应显著，$F(1, 58)=6.51$，$p<0.05$，$\eta_p^2=0.10$，独立组报告的特异性事件显著少于互倚组；两者交互作用不显著。

当因变量是个人定向比率时，时间的主效应显著，$F(1, 58)=32.43$，$p<0.001$，$\eta_p^2=0.36$，被试回忆过去的得分显著低于想象未来，即被试想象未来比回忆过去更多地关注自我；自我概念类型的主效应显著，$F(1, 58)=9.36$，$p<0.005$，$\eta_p^2=0.14$，互倚组得分显著低于独立组，即独立组比互倚组更强调自我；两者交互作用不显著。

当因变量是被试对情景细节的主观体验时，时间的主效应显著，被试在回忆过去时主观评定的细节丰富性显著高于想象未来时，$F(1, 58)=21.20$，$p<0.001$，$\eta_p^2=0.27$，同时，想象未来比回忆过去更积极，$F(1, 58)=14.30$，$p<0.001$，$\eta_p^2=0.20$。自我概念类型的主效应显著，与互倚组被试相比，独立组被试认为自己在心理时间旅行时包含了更丰富的细节，$F(1, 58)=5.27$，$p<0.05$，$\eta_p^2=0.08$，同时，独立组比互倚组更积极，$F(1, 58)=4.21$，$p<0.05$，$\eta_p^2=0.07$。两两交互作用均不显著。另外，本次研究没有发现时间和自我概念类型对情景细节主观评价的情绪丰富度的影响。

综上所述，与独立型相比，互倚型的自我概念更容易促进个体表征和建构特定而具体的情境和事件；同时，互倚型的自我概念更容易引导个体去关注他人和关系，而独立型自我概念会引导个体更多地聚焦于自我；独立型自我具有更积极的情绪体验，而且在评价细节丰富性时会给出较高的分数。

三、讨论与结论

第一部分的研究发现，对于情景预见的大部分指标，情景记忆都是有效的预测源，也就是说，情景预见过程可能是根据情景记忆进行模拟的。这与同类研究结果一致（Klein et al.，2012），也支持了 Schacter 等提出的建构-情景-模拟假说。除此之外，核心自我评价对情景预见过程也有一定的预测作用。也就是说，特质性自我概念作为认知活动的一种背景，可能会影响心理时间旅行的加工过程。Brown 等（2012）的实验证实了这种推测，该研究采用指导语诱导被试形成高或低的自我效能感。结果发现，与低自我效能组相比，高自我效能组被试能够产生特异性更强的过去和未来事件，在社会问题解决中也有更好的表现。

第二部分的研究发现，无论是回忆过去还是想象未来，互倚型自我比独立型自我报告出更具体的事件，更多地涉及他人和关系。这与我们的假设是一致的。独立型自我思考问题的主要特征之一是"抽象性"，他们关注事物的本质而非具体情境，而互倚型自我思考问题的重要特征之一是"具体化"，他们强调事物的内在联系和情境信息（柴俊武等，2011）。因此，在心理时间旅行中，互倚型自我建构特异性事件的能力更强。同时，独立型的自我概念强调人的独立性和分离性，在心理时间旅行中偏重学习和储存与自我相关的信息，从而连接以自我为中心的知识结构，在回忆和想象具体情境时也会应用这套语义内容体系，更多地建构与自我相关的信息。而互倚型的自我概念强调人际关联性，把自己当成社会关系的一部分，在心理时间旅行中更关注与他人和关系相关的信息，连接的是以关系为核心的知识结构，在回忆和想象具体情境时应用的也是这套语义内容体系，更多地建构与他人和关系相关的信息。因此，在情景细节的描述中，独立组比互倚组更多地关注自我。

我们通过两个研究证实了自我对心理时间旅行，尤其是情景预见加工的影响。那么，这种影响的内部机制是什么呢？有研究者指出，自我，尤其是近期的自我目标，以控制过程的形式调控记忆的建构（Conway，Pleydell-Pearce，2000）。而情景预见过程会将情景记忆拆分为若干元素，并将它们重构成未来的情景（Schacter et al.，2008）。此时，自我就不可避免地参与其中，在情景记忆的重新建构中发挥重要的作用。因此，我们会发现一些与自我有关的能力（如自尊和一般自我效能）可以有效地预测情景预见加工的某些指标。同时，"工作自我"在"自我记忆系统"（自传体记忆的主导部分）中指导记忆的编码与重构。

相应地，这种"工作自我"在情景预见加工中会引导个体进行情景模拟和建构。如果独立型的自我概念在意识中占优势，成为"工作自我"的核心表征，那么被试在想象未来时就会更多地集中于自己；相反，如果"工作自我"的核心表征为互倚型的自我概念，那么被试在情景预见过程中就会更多地集中于他人和关系。

综上所述，研究发现，核心自我评价和独立型/互倚型自我概念对过去与未来事件的回忆及建构具有一定的引导、调控作用。

孤独症谱系障碍儿童的情景预见能力

孤独症谱系障碍儿童情景预见的特点

心理时间旅行是指个体在当前情景下有意识地将自我在主观时间上投射到过去情景中重新经历与自我有关的过去事件，形成过去的情景记忆，然后，在过去情景记忆的基础上，以现在为平台又将自我投射到未来情景中，形成关于自我的未来情景预见（Suddendorf，Corballis，2007）。其中，情景记忆存储了与事件相关的信息并能引导决策行为，心理时间旅行提示我们利用这些信息来选择对未来更有利的行为方式（刘岩等，2010）。情景预见能力的出现使个体能够为了提高未来的生存机会而在当前采取行动，是人类发展史上关键的一步（Suddendorf，Corballis，2007）。

有关心理时间旅行发展轨迹的研究一般从情景记忆和情景预见两个方面进行考察（Hayne et al.，2011）。有研究发现，3 岁儿童开始出现情景记忆的萌芽，但时间较短而且遗忘较快，4 岁之前情景记忆能力开始发展，4 岁儿童的情景记忆已经可以持续一周时间（Scarf et al.，2013；Hayne，Imuta，2011）。情景预见能力在 3～5 岁也开始稳步发展（Cuevas et al.，2015），儿童在 3 岁时情景预见能力开始萌芽但水平不高，到 4 岁时，情景预见能力快速发展，5 岁儿童的情景预见能力又有提高（Russell et al.，2010；刘岩等，2012a）。

　　ASD 儿童心理时间旅行的发展状况可能是不同的。虽然 ASD 儿童情景记忆受损已经得到很多研究的证实（Lind，2010），但对其情景预见能力的考察并不多见。一方面，ASD 个体在理解他人的心理状态上存在困难（Hoogenhout，Malcolm-Smith，2014）。有研究认为，这种心理理解能力与情景预见一样，都涉及自我投射的加工，前者是由自我投射到他人，而后者是将自我投射到未来（Buckner，Carroll，2007），两者会激活相似的脑区（Buckner et al.，2008），所以 ASD 个体心理理解能力的缺损很可能会伴发情景预见的损伤（Jackson，Atance，2008）。另一方面，ASD 个体刻板的行为表现可能会阻碍个体将自我在心理时间旅行中灵活地进行投射和切换，进而表现为情景预见的缺损（Jackson，Atance，2008）。另外，ASD 儿童在自我–他人的源记忆上存在缺损（Lind，Bowler，2009a），并且自我觉知能力可能也受损（Lind，Bowler，2008），这些与自我相关的记忆问题也有可能会影响 ASD 儿童的情景预见能力。

　　心理时间旅行的经典研究范式需要被试具有较好的语言表达能力，能够对过去和未来事件进行详细的描述（D'Argembeau et al.，2010）。采用该范式对语言程度较好的孤独症成人的研究表明，孤独症个体的情景记忆和情景预见都存在缺损（Lind，Bowler，2010），而这种缺损很可能与情景建构有关（Lind et al.，2014b）。而对 ASD 儿童的研究相对困难，仅有的几个研究主要是针对语言能力相对完整的高功能孤独症儿童进行的（Terrett et al.，2013）。在 Lind 等（2014b）的研究中，要求高功能孤独症儿童叙述过去的事件和想象未来事件，发现该组儿童在反应准确性上的得分显著低于 TD 儿童，在反应特异性和时间词数量上的得分也有低于对照组儿童的趋势，表明高功能孤独症儿童的情景记忆和情景预见在准确性上存在缺损。

　　然而，典型的 ASD 儿童会伴随语言发展迟滞（Lai et al.，2014），对这部分群体的考察就只能采用较少言语卷入的非言语实验任务。Jackson 和 Atance（2008）首次考察了孤独症儿童思考未来的能力，并使用了非言语任务。这个带有预实验性质的小样本探索研究发现，ASD 儿童在对物理世界进行预测的时候，成绩要明显好于对未来自我进行预测的任务。Hanson 和 Atance（2014）在该研究的基础上，采用一系列的非言语范式进一步考察了 ASD 儿童的情景预见能力，发现 ASD 儿童相较于 TD 儿童在想象未来情景能力上存在缺损。

虽然已有研究发现 ASD 儿童在情景预见方面存在缺损，但缺乏对缺损原因的探讨。依据情景-建构-模拟假说，个体过去的经历是其预见未来的基本信息来源和重要基础；同时，个体对未来事件的模拟具有重构性，是对记忆信息进行重新组合的过程（刘岩等，2010）。一方面，ASD 个体的情景记忆的确存在缺损（Lind et al.，2014a；Lind，Bowler，2010），也就是说，情景预见的原材料有问题；另一方面，ASD 成人的情景记忆和情景预见不存在显著相关（Lind，Bowler，2010），也就是说，利用情景记忆进行组织和重新整合的过程似乎也受损。对于 ASD 成人，这两方面都有实证研究的支持。但是对于发展中的 ASD 儿童的研究结果存在分歧。虽然情景记忆的缺损已经被证实，但是对情景记忆与情景预见之间关系的探讨非常少，而且相互矛盾。Terret 等（2013）的相关分析指出，高功能孤独症儿童的情景记忆和情景预见存在显著正相关，而另一项研究则发现，高功能孤独症儿童的情景记忆和情景预见并不存在相关关系（Lind et al.，2014a）。

为了考察 ASD 儿童情景预见的特点，进一步推断缺损的可能原因，本节的第一个目的是采用非言语范式对 ASD 儿童的心理时间旅行能力（包括情景记忆和情景预见）进行评估，第二个目的是对 ASD 儿童情景记忆与情景预见的关系进行探讨。

研究假设如下：①相对于 TD 儿童，ASD 儿童的心理时间旅行能力（包括情景记忆和情景预见）受损；②与 TD 儿童不同，ASD 儿童的情景记忆和情景预见无相关关系。

一、ASD 儿童与 TD 儿童心理时间旅行的比较研究

（一）研究对象

根据医院的诊断及教师和研究者的进一步确认，从大连市两个孤独症康复

中心选取 ASD 儿童，有效被试 27 人，男 24 人，女 3 人，月龄范围为 48～170 个月，平均月龄为 98.70 个月（*SD*=33.66）。从大连市一所幼儿园和一所小学选取 TD 儿童，有效被试 31 人，男 27 人，女 4 人，月龄范围为 46～108 个月，平均月龄为 62.02 个月（*SD*=18.52）。

（二）研究工具与程序

1. 瑞文联合型推理测验

瑞文推理测验是一种非文字的智力测验。本节使用的瑞文联合型推理测验（Combined Raven's Test，CRT）共 6 个单元 72 道题，即由彩色型的 A、B、Ab 三个单元和标准型的 C、D、E 三个单元构成，每单元 12 道题。该测验适用于幼儿、儿童、成人及老年人，尤其可用作有言语障碍者及智力低弱者的智力测量。

2. 情景记忆的图片测验

本实验改编自 Perner 等（2007）考察情景记忆的研究范式。

实验材料：将 24 张图片（20 厘米×15 厘米）分为内容大致相对应的两组，第一组包括茄子、鞋子和碗等 12 张常见物品的图片，第二组包括大白菜、胡萝卜和筷子等与第一组内容大致对应的 12 张图片。

实验程序：将图片分为第一组和第二组，第一组和第二组的词语轮流作为实验项和干扰项。首先，逐个呈现 24 张图片，并平衡实验组图片和干扰组图片呈现的顺序。每张图片呈现之后，问被试"这个是什么？"，如果被试不知道，则告诉他们该图片的名称（这样做是为了让被试知道该物品的一般名称，避免在测试阶段，被试对图片的名称不确定导致测量不准确）。然后，主试拿出 12 张实验组图片并告诉儿童，"这些图片每张看 2 秒钟并把它记住，然后把图片放入袋子中"。主试把握一下时间，如果被试没有看够 2 秒钟，则提醒被试仔细看。5 分钟后，进行自由回忆，询问被试"你刚刚放进袋子里的图片都有什么呀？"，在被试回答出的物品名称下面打对号。

计分标准：情景记忆任务共 24 张图片，实验组和干扰组各 12 张。击中得分是指被试回忆出的实验组项目个数，回忆出一个项目得 1 分，最高 12 分；虚报得分就是回忆出的干扰组项目个数，虚报一个得 1 分，最高 12 分。最后用击中得分减去虚报得分，得出被试的正确性得分。

3. 情景预见的旅行任务

本节的实验程序改编自 Atance 和 Meltzoff（2005）考察情景预见的研究范式。

实验材料：选取 12 张彩色的情景图片（15 厘米×10 厘米）和 24 张彩色的物品图片（8 厘米×6 厘米），其中在热身实验中所使用的 6 张情景图片是儿童比较熟悉的情景，多为日常生活中会遇到的情景；而正式实验中使用的 6 张情景图片是儿童比较陌生的新情景。物品图片包含这 12 种情景下所需的物品，还有 12 张干扰图片（其中的 6 个与正式实验情景直接相关）。

实验程序：有热身实验和正式实验。热身实验为 6 个儿童比较熟悉的情景（如卧室）。在每个试次中，首先要求儿童想象情景，并询问他："这是哪里呀？"然后告诉儿童："好，假装你要去该情景（如卧室）中，现在该出发了。"最后呈现 3 张物品图片作为选项，问儿童："你要带上哪一个呢？"这 3 张物品图片分别为：正确选项、与图片情景直接相关的联系选项及无关选项。如果被试在热身实验中答错 4 个以上，则认为他不理解实验规则，终止实验。如果被试在热身实验中答对 2 个以上，则开始进行正式实验。每个试次中，主试向儿童呈现一张正式实验中的情景图片，让其想象并描述内容，询问被试："这是哪里呀？"然后告诉儿童："好，假装你要去这儿（如公路），现在该出发了。"接着呈现 3 张物品图片（生日礼物、水和树），问："你要带上哪一个呢？"主试记下儿童的选择。为了排除儿童凭借对物品与情景之间的联系性的判断选择出正确答案，3 张物品图片中包括一个正确选项——水，一个联系选项——树，一个无关选项——生日礼物。此外，无论在热身实验还是正式实验中，我们对情景图片的呈现顺序和正确答案的位置都进行了平衡。

计分标准：情景预见的得分就是记录被试选择正确选项的个数。正式实验共有 6 个情景，每选择出一个正式实验中的情景图片所对应的正确选项，计 1 分，得分范围为 0～6 分。与此同时，我们也记录了被试在联系选项和无关选项上的得分情况，计分规则也是每选一个选项计 1 分，得分范围为 0～6 分。

在情景预见任务中，我们还对被试的选择偏好进行了记录，有三种情况：偏好正确选项、偏好联系选项和偏好无关选项。每选一个选项计 1 分，得分范围为 0～6 分。

二、ASD 儿童心理时间旅行特点分析

（一）ASD 组与 TD 组儿童的智商匹配

我们对 ASD 组和 TD 组儿童都进行了瑞文联合型推理测验，并对两组儿童的智力得分进行了独立样本 t 检验。如表 4-1 所示，两组被试在图片推理智力方面不存在显著差异，$p > 0.05$，Cohen's d=0.03。

表 4-1　ASD 组与 TD 组儿童瑞文联合型推理测验得分比较

组别	M	SD	t	P
ASD 组	20.22	8.49	−0.13	0.90
TD 组	20.48	7.46		

（二）ASD 组与 TD 组儿童情景记忆的比较

接下来，对 ASD 组和智力匹配的 TD 组儿童的情景记忆得分进行独立样本 t 检验。

如表 4-2 所示，在智力匹配的前提下，ASD 组儿童和 TD 组儿童在击中得分上没有显著差异，$t(56)$=0.34，$p > 0.05$，Cohen's d=0.09；在虚报得分上，ASD 组儿童高于 TD 组儿童，接近边缘显著，$t(56)$=1.72，p=0.09，Cohen's d=0.47；ASD 组儿童的正确性得分低于 TD 组儿童的得分，但差异不显著，$t(56)$=−0.85，$p > 0.05$，Cohen's d=−0.35。这说明，智力差异不显著的 ASD 组儿童和 TD 组儿童在情景记忆方面的认知能力相近，但是 ASD 组儿童的虚报率高于 TD 组儿童，表明 ASD 儿童在区分哪些图片是由自己装进袋子里的能力比较差。研究的回忆阶段采用自由回忆任务，击中是指被试回忆出刚才放入袋子里的图片项目，而被试虚报很可能是依据对项目的熟悉性来进行回忆，说明 ASD 儿童的情景记忆可能更大程度上是以往经验的再现，而不是依据特定时空条件下发生的特定情景事件。

表 4-2　ASD 组与 TD 组儿童的情景记忆得分

因变量	ASD 组（r=27）		TD 组（n=31）	
	M	SD	M	SD
击中	4.52	2.59	4.32	1.62
虚报	1.96	1.77	1.29	1.07
正确性	2.56	1.85	3.30	2.35

由于 ASD 组儿童和 TD 组儿童的年龄差异较大，$t(56)=5.23$，$p < 0.001$，Cohen's $d=1.38$，所以考虑两组的年龄差异可能是一个潜在的混淆变量。于是，本节又以年龄为协变量对 ASD 组与 TD 组儿童进行情景记忆得分的差异检验，结果如表 4-3 所示。

表 4-3　ASD 组与 TD 组儿童情景记忆差异

因变量	ASD 组（n=27）		TD 组（n=31）		控制年龄	
	M	SD	M	SD	F	p
击中	4.52	2.59	4.32	1.62	3.54	0.07
虚报	1.96	1.77	1.29	1.07	0.38	0.54
正确性	2.56	1.85	3.30	2.35	4.84	0.03

协方差分析的结果表明，在正确性得分上，ASD 组和 TD 组儿童差异显著，$F(1, 56)=4.84$，$p < 0.05$，$\eta_p^2=0.08$，ASD 组儿童的正确性得分显著低于 TD 组儿童；在击中得分上，两组儿童差异接近边缘显著，$F(1, 56)=3.54$，$p=0.07$，$\eta_p^2=0.06$，ASD 组儿童的击中得分高于 TD 组儿童；在虚报得分上，两组的差异不显著，$p > 0.05$。这说明控制了年龄以后，ASD 组儿童的情景记忆表现出现了缺损。

（三）ASD 组与 TD 组儿童情景预见的比较

首先，由初步分析数据得出，TD 组儿童在 6 个情景中，选择正确选项的个数大于等于 3 的人数占总人数的百分比为 93.5%，而 ASD 组儿童为 85.2%，表明 TD 组情景预见得分高的人数比 ASD 组多；在选择联系选项的个数大于等于 3 的情况下，TD 组儿童人数占总人数的百分比是 12.9%，ASD 组儿童是 33.3%，表明 ASD 组儿童选择联系选项的人数比 TD 组儿童多。在选择无关选项的个数大于等于 3 的情况下，TD 组和 ASD 组儿童在百分比上并无明显差异，分别为

3.2%和3.7%。由此推测，ASD 组儿童的情景预见可能差于 TD 组儿童。详细的情景预见任务各指标的得分情况如表 4-4 所示。

表 4-4　ASD 组与 TD 组儿童情景预见得分

因变量	ASD 组（n=27）		TD 组（n=31）	
	M	SD	M	SD
正确选项	3.37	1.21	4.71	1.22
联系选项	1.89	1.19	1.06	1.12
无关选项	0.78	0.85	0.23	0.62

随后，对 ASD 组和 TD 组的情景预见得分进行独立样本 t 检验，结果见表 4-5。

表 4-5　ASD 组与 TD 组情景预见得分差异

因变量	ASD 组（n=27）		TD 组（r=31）		t	p
	M	SD	M	SD		
情景预见	3.37	1.21	4.71	1.22	−4.19	0.000

情景预见使人们能够预期未来可能发生的事件。从表 4-5 中可知，通过比较智力无显著差异的两组被试，ASD 组儿童比 TD 组儿童的情景预见得分低，并且差异达到显著性水平，$t（56）=-4.19$，$p < 0.001$，Cohen's $d =1.10$，表明 ASD 组儿童的情景预见能力明显差于 TD 组儿童。

由前面对两组儿童的情景记忆得分分析可知，年龄变量对实验组和对照组儿童的情景记忆得分有影响，所以我们对两组儿童的情景预见得分进行了协方差分析，结果如表 4-6 所示。

表 4-6　ASD 组与 TD 组儿童情景预见得分差异检验

因变量	ASD 组（n=27）		TD 组（n=31）		控制年龄	
	M	SD	M	SD	F	p
情景预见	3.37	1.21	4.71	1.22	20.38	0.000

结果表明，在情景预见得分上，ASD 组儿童和 TD 组儿童差异显著，$F（1, 56）=20.38$，$p < 0.001$，$\eta_p^2 =0.27$，说明 ASD 组儿童预见未来情景的能力显著差于 TD 组儿童。

进一步分析发现，ASD 组和 TD 组的儿童在选择正确选项、联系选项和无关选项上的百分比分别是 56%、31.22%、12.79%和 78.49%、17.74%、3.76%。

独立样本 t 检验发现，两组儿童在选择正确选项上的百分比之间存在显著差异，$t(56)=-4.20$，$p<0.001$，Cohen's $d=-1.10$，表明 ASD 组儿童会更少地选择正确选项；两组儿童在选择联系选项上的百分比之间存在显著差异，$t(56)=2.68$，$p<0.05$，Cohen's $d=0.67$，在选择无关选项上的百分比之间也存在显著差异，$t(56)=2.84$，$p<0.01$，Cohen's $d=0.75$。结果说明，相较于 TD 组儿童，ASD 组儿童会更倾向于选择联系选项和无关选项。对 ASD 组和 TD 组儿童选择正确选项的百分比与随机选择百分比（33.33%）进行比较，结果发现，ASD 组儿童[$t(26)=5.84$，$p<0.001$]与 TD 组儿童[$t(30)=12.50$，$p<0.001$]在选择正确选项上的百分比都显著地高于随机水平，说明虽然 ASD 组儿童的情景预见能力显著地差于 TD 组儿童，但 ASD 组儿童的情景预见能力并未完全受损。

（四）两组儿童情景记忆与情景预见关系模式的比较

对 ASD 组儿童与 TD 组儿童的情景记忆得分和情景预见得分分别进行相关分析。结果发现，ASD 组儿童的情景记忆得分和情景预见得分相关不显著，$r=0.093$，$p>0.05$，而 TD 组儿童的情景记忆得分和情景预见得分相关显著，$r=0.424$，$p<0.05$。这说明两组儿童情景记忆和情景预见的关系模式可能是不同的，ASD 组儿童的情景记忆和情景预见之间的联系似乎并没有成功建立。

三、讨论与结论

本节的研究结果验证了研究假设。首先，与 TD 儿童相比，ASD 儿童的心理时间旅行能力受损，表现为 ASD 儿童在情景记忆的正确性上显著差于 TD 儿童，同时，他们将自己放置到未来的情景中进行预见时存在一定困难，这与 Lind 等（2014b）采用访谈对高功能孤独症儿童进行考察的结果是一致的，同时与 Hanson 和 Atance（2014）采用非言语范式对 ASD 儿童的研究结果是相似的。本节的研究为 ASD 儿童情景预见的缺损提供了新的证据。

其次，相关分析表明，TD 组儿童的情景记忆和情景预见之间相关显著，而 ASD 儿童的情景记忆和情景预见无相关关系，说明两组儿童的情景记忆与情景预见有着不同的关系模式。大量研究已经证明，无论是儿童还是成人，情景记忆都与情景预见关系密切（Suddendorf，2010b）。但是对孤独症个体的研究结果并不一致。我们采用非言语范式得到的结果与 Lind 和 Bowler（2010）对孤独症成人的访谈研究，以及 Lind 等（2014a）采用言语任务对高功能孤独症儿童的考察结果是一致的，都发现了 ASD 个体的情景记忆与情景预见之间的联系没有成功建立。但也有研究得到了不同的结果。Terrett 等（2013）发现，无论是 TD 儿童还是高功能孤独症儿童，情景记忆和情景预见均相关显著。所以，对于 ASD 儿童情景记忆与情景预见之间的关系还需要进一步的研究进行确认。

另外，值得注意的是，ASD 儿童的情景预见得分虽然低于 TD 儿童，但显著高于随机水平，说明 ASD 儿童的情景预见能力并未完全受损。由此可以推测，情景记忆受损并不能完全解释情景预见的受损。除此之外，语义记忆对情景预见也可能有影响。近年来，有研究者提出语义支架假说来解释语义记忆在情景预见中的作用，认为语义知识为提取过去信息和预见未来提供一个框架或者支架，在这个框架下，情景片段得以组织和建构，促进情景记忆和情景预见的产生（Irish，Piguet，2013；Duval et al.，2012）。

本节研究结果表明：首先，与 TD 儿童相比，ASD 儿童的情景记忆存在选择性受损。ASD 儿童的情景记忆更多的是以往经验的复述，在记忆新情景上存在困难，表现为情景记忆能力受损。其次，ASD 儿童的情景预见并未完全受损。由此推断，这类儿童在进行情景预见时更多地调用以往的经验事实和语义知识，并未将自我投射到未来的情境中建构新情景。最后，与 TD 儿童不同，ASD 儿童的情景记忆与情景预见之间相关不显著。未来研究可以在此基础上进一步探讨 ASD 儿童的语义记忆和情景记忆是如何协同作用对情景预见产生影响的。

综上所述，ASD 儿童的情景记忆存在选择性受损，情景预见部分受损，其情景记忆与情景预见之间的联系没有建立。

四、教育建议

ASD 儿童通常喜欢独处，不愿意和他人分享快乐和共同玩耍，对他人甚至父母感情冷漠，对社会性刺激不敏感（Kanner，1968），这就使得他们很难获得社会性经验，因而在心理时间旅行中可利用的线索比较少，回忆和想象的内容不准确，细节也不够丰富。教师和家长在平时与 ASD 儿童沟通交流的过程中要尽量使用简洁的语言，并且伴随丰富的肢体语言和面部表情，让 ASD 儿童最大程度参与到社交事件中，积累一定的社会经验，为回忆过去和想象未来提供线索与素材。

对于 ASD 儿童，由于情景记忆与情景预见的联系没有成功建立，可以考虑将语义记忆作为一种代偿来提高 ASD 儿童心理时间旅行的能力。比如，给 ASD 儿童使用标准的可视化过程图和社交故事等方法（Volkmar et al.，2014），让其掌握一定的知识和规则。可视化过程图可以让儿童了解事情发生的基本流程。例如，单元主题课包括上课时间 8：55—9：40、点名字、读日期、手指操和手工操作等环节，将各环节做成卡片或者照片，由教师粘在条带上辅助课堂授课。而社交故事指教师在课堂上为儿童创设一个社交情景，进而将社交情景中的社交基本规则教给 ASD 儿童。例如，教师描述在电影院的场景，所有人都在安静地看电影，结果有人大声说话，其他人就听不清，所以去电影院看电影时要闭上嘴，不出声。在日常生活中，家长也可以使用这些方法让孩子掌握一定的常识和规则，使其在回忆过去和想象未来时有一个脚手架作为支撑，获得回忆过去情景事件的线索，同时对未来要发生的事件有一定程度的预期。

第二节

孤独症谱系障碍儿童情景预见能力的缺损机制：自我投射的作用

ASD 个体的情景预见能力受损已经得到很多研究的证实（刘岩等，2016；Terrett et al.，2013；Lind，Bowler，2010；Jackson，Atance，2008）。他们在心

理上思考未来行为的这种困难可能导致过度依赖常规及行为模式的不灵活性，因此，情景预见的损伤有助于解释 ASD 个体表现出的重复刻板的行为模式（Lind，Bowler，2010；Suddendorf，Corballis，1997）。

为了解释情景预见产生的机制，研究者提出了一些理论框架，其中比较有代表性的有情景建构假说（Hassabis，Maguire，2007）和自我投射假说（Buckner，Carroll，2007）等。虽然对情景建构和自我投射重要性的强调不同，但两组研究者都认为记忆和自我是情景预见不可或缺的两个部分。

尽管已有研究发现 ASD 个体的情景预见能力受损，但缺乏对其受损原因的探讨。ASD 个体情景预见的损伤，是否与情景建构和自我投射的困难有关呢？Lind 等（2014b）发现，高功能 ASD 个体情景预见的困难是情景建构的损伤，但并没有发现自我投射的损伤。该结果表明，ASD 个体不会将环境刺激处理为连贯整体，而是关注每一单一元素。也就是说，将各情景元素进行整合能力的降低是 ASD 个体情景预见能力缺损的一个主要的潜在因素，而海马机能障碍可能是其背后的原因。但是，由于高功能 ASD 个体的症状相对于典型 ASD 较轻，自我意识相对完善，有可能是被试群体的特殊性导致了没有发现 ASD 个体自我投射的缺损。那么，典型 ASD 群体的自我投射能力是否受损呢？

前人的研究发现，ASD 个体的心理理论能力受损（Baron-cohen et al.，1985）。心理理论指对自我和他人心理状态的理解，以及这些心理状态如何被用于解释和预测自己和他人的行为（Astington et al.，1988）。许多研究认为，心理上将自我投射到未来的能力与心理理论有关（Lind et al.，2014a；Atance，O'Neill，2005；Moore et al.，1998；Suddendorf，Corballis，1997）。这两种能力的发展处于同一时间段，并且神经生理证据表明观点采择的这两种形式的脑结构存在重叠（Buckner，Carroll，2007），支持了它们密切相关的观点。心理理论与情景预见似乎拥有相同的认知机制，前者是将自己投射到他人，后者是将当前自我投射到未来自我，二者都涉及自我投射。因此，我们认为，ASD 个体的心理理论和情景预见的损伤可能与自我投射的障碍有关。

研究发现，ASD 个体对自我的认识和理解存在缺陷，他们对自己的了解程度与正常被试存在差异，并且不能将更多的资源分配给自己（Mitchell，O'Keefe，

2008）。同时，ASD 个体的自我参照加工也是受损的（Grisdale et al.，2014）。研究还发现，ASD 儿童预期未来自我方面的表现显著差于 TD 儿童，并且预期未来自我方面的表现显著差于预期未来世界的表现（Hanson，Atance，2014；Jackson，Atance，2008），说明 ASD 儿童的自我意识缺损，这类儿童的情景预见能力缺少自我在时间上的转换。

为了考察 ASD 儿童自我投射能力的缺损是否会影响其在情景预见任务中的表现，本节将比较 ASD 儿童和 TD 儿童在为自己做情景预见和为他人做情景预见时的差异。自我投射涉及想象一个与当前自我相分离的自我的能力（Buckner，Carroll，2007）；而情景建构涉及的是从心理上建构事件的过程，不仅包含环境，还包含在场的其他人（Hassabis et al.，2014；Hassabis，Maguire，2007）。为他人做预见主要涉及情景建构的过程，而为自己做预见会同时涉及情景建构和自我投射两个部分。

对于 TD 儿童来说，如果为自己做预见优于为他人做预见，说明自我投射对情景预见产生积极影响；如果为自己做预见与为他人做预见没有差异，说明自我投射对情景预见没有影响；如果为自己做预见差于为他人做预见，说明自我投射对情景预见产生消极影响。

对于 ASD 儿童来说，其自我意识薄弱，而这种缺损的自我可能无法支持情景预见的模拟和建构，因此，ASD 儿童在两种视角下的表现可能并没有差异。

一、自我和他人视角下 ASD 儿童情景预见的比较研究

（一）研究对象

根据医院的诊断及教师和研究者的进一步研究确认，从六连市两个孤独症康复中心选取 ASD 儿童，有效被试 24 人（男 19 人，女 5 人），月龄范围为 46～108 个月，平均月龄为 73.83 个月（SD=16.34）；TD 儿童选自大连市某幼儿园，有效被试 24 人（男 17 人，女 7 人），月龄范围为 36～59 个月，平均月龄为 49.42 个月（SD=6.57）。

（二）研究工具与材料

1. 皮博迪图画词汇测验

皮博迪图画词汇测验用于测试被试的接受性言语能力，以此对两组儿童的言语理解能力进行匹配，得分范围为 0～175 分。

2. 瑞文联合型推理测验

本节使用的瑞文联合型推理测验同第一节。

3. 情景预见的旅行任务

实验材料包含 12 张彩色情境图片（15.0 厘米×10.0 厘米）和 24 张彩色物品图片（7.5 厘米×5.0 厘米）。热身实验和正式实验各用 6 张彩色情境图片，其中热身实验的情境图片是幼儿日常生活中比较熟悉的，如生日聚会。正式实验中的情境图片是幼儿不常见的新情境，如雪山。物品图片包括与 12 种情境相对应的靶子图片（即正确选项，如瀑布情景下的雨衣）和干扰图片（包括语义联系选项，如瀑布情景下的岩石，以及无关选项）。我们根据难度将 6 种情景进行了匹配，分成 2 类，每个类别有 3 种情景。每类材料都在自我视角或者他人视角的条件下使用，我们对呈现的顺序进行了平衡。

（三）研究程序

根据 Atance 和 Meltzoff（2005）的情景预见研究范式对被试进行任务测试，每个被试所用时间约为 20 分钟。

整个程序包括热身实验、正式实验和控制实验三个部分。热身实验中，主试要求被试描述并想象相应的情景，然后询问他："这是哪里呢？"之后跟儿童说："好，假装你要去这个地方，现在该出发了。"接下来向儿童呈现三张物品图片，问："你要带着哪一个呢？"如果被试在热身实验中答错 4 个以上，则认为他不理解实验规则，终止实验。

儿童通过热身实验后，开始进行正式实验。正式实验的程序与热身实验相似，差别在于使用的图片是儿童不熟悉的新情景。另外，在自我或他人的条件下，分别使用"你"或"小红/小明"作为句子的主语。在正式实验中，为了防止相互干扰，自我视角和他人视角下的情景预见任务间隔一天，呈现的顺序也会进行平衡。正式实验之后，进行控制实验，要求被试对 6 组情景的物品图片进行偏好选择，选出自己最喜欢的那一个。

在热身实验、正式实验和控制实验中，我们对情景图片呈现的顺序和正确答案出现的位置均进行了平衡。

（四）评分标准

儿童选择一个正确答案得 1 分，在自我条件下得分范围为 0～3 分，在他人条件下得分范围也为 0～3 分。同时，记录被试在联系选项与无关选项上的得分情况，计分规则是每选择一个选项得 1 分。

二、自我投射对 ASD 儿童的作用分析

（一）ASD 组与 TD 组儿童的匹配

我们对两组儿童的智力和言语理解能力得分进行了独立样本 t 检验，结果如表 4-7 所示，两组儿童在智力和言语理解能力方面不存在显著差异，说明 ASD 组和 TD 组儿童的智力和言语理解能力是匹配的。

表 4-7 两组被试的智力和言语理解能力的得分比较（$M \pm SD$）

测验	ASD 组（$n=24$）	TD 组（$n=24$）	t	p
瑞文联合型推理测验	24.79±8.59	22.17±5.72	1.25	0.22
皮博迪图画词汇测验	48.17±22.22	53.08±25.01	−0.81	0.43

（二）儿童能否为自我或他人做情景预见？

为了确定在不同视角下幼儿的选择是否是随机的，我们分别比较了 ASD 组和 TD 组儿童在正式实验中不同视角下项目选择的正确率（表 4-8）和随机水平

（33%）的差异。单样本 t 检验的结果显示，ASD 组儿童在自我视角下的正确率（M=47.25%）和在他人视角下的正确率（M=51.42%）与随机水平（33%）相比差异均显著，p_s<0.05；TD 组儿童在自我视角下的正确率（M=63.88%）和在他人视角下的正确率（M=83.46%）也都与随机水平差异显著，p_s<0.001。

结果表明，无论是在自我视角还是他人视角下，两组被试在情景预见任务中都可以根据未来的需求做出判断，并不是随机选择。

表 4-8　两组被试在不同视角下情景预见能力的描述性统计（$M \pm SD$）

组别	视角	选择正确率/%	情景预见得分
ASD 组	自我	47.25±29.50	1.42±0.88
	他人	51.42±32.69	1.54±0.98
TD 组	自我	63.88±34.03	1.92±1.02
	他人	83.46±23.99	2.50±0.72

为了排除儿童选择正确选项是受到了选择偏好的影响，我们采用配对样本 t 检验对儿童在不同视角下正式实验中选择正确选项的百分比与控制实验中选择同样选项的百分比进行比较。结果表明，在自我视角下，ASD 组儿童在正式实验中选择正确选项的百分比（47.25%）显著高于在控制实验中选择同样选项的百分比（15.2%），p<0.001；TD 组儿童在正式实验中选择正确选项的百分比（63.88%）显著高于在控制实验中选择同样选项的百分比（38.0%），p=0.023。在他人视角下，ASD 组儿童在正式实验中选择正确选项的百分比（51.42%）显著高于在控制实验中选择同样选项的百分比（16.6%），p<0.001；TD 组儿童在正式实验中选择正确选项的百分比（83.46%）显著高于在控制实验中选择同样选项的百分比（18.0%），p<0.001。

总之，不管是在自我视角还是他人视角下，两组被试在预见任务中做出的正确选择都不是偏好导致的。

（三）两组儿童在不同视角下的情景预见能力

首先，以情景预见任务中行为选择的得分为因变量，我们比较了两组儿童的情景预见能力在不同视角条件下的差异。2（组别：ASD 组 VS TD 组）×2（视角：自我 VS 他人）的方差分析表明，组别主效应显著，$F(1, 92)=15.52$，$p<0.001$，$\eta_p^2=0.14$，ASD 组儿童的情景预见得分显著低于 TD 组儿童；视角主效应不显著，$F(1, 92)=3.66$，$p>0.05$；组别与视角的交互作用也不显著，$F(1, 92)=1.53$，$p>0.05$。

其次，为了进一步确定在自我视角与他人视角下，两组被试情景预见得分的差异是否显著，我们进行了配对样本 t 检验。结果表明，ASD 组儿童在自我视角和他人视角下的情景预见得分差异不显著，$t(23)=-0.57$，$p>0.05$；TD 组儿童在不同视角下的情景预见得分差异显著，$t(23)=-3.08$，$p<0.01$，Cohen's $d=0.62$，在他人视角下的得分显著高于自我视角。结果如图 4-1 所示。

最后，为了考察每组被试在自我视角和他人视角下情景预见得分的差异，我们进行了独立样本 t 检验。结果表明，在自我视角下，两组差异不显著，$t(46)=-1.82$，$p>0.05$；在他人视角下，TD 组儿童的情景预见得分显著高于 ASD 组儿童，$t(46)=-3.86$，$p<0.001$，Cohen's $d=1.12$。结果如图 4-1 所示。

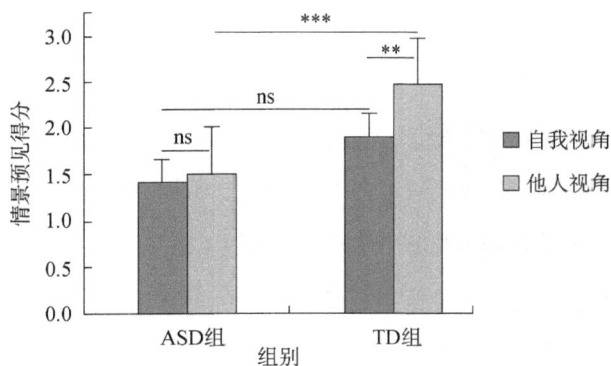

图 4-1　两组被试在两种视角下的情景预见得分的比较

注：$**p<0.01$，$***p<0.001$

三、讨论与结论

结果显示，TD 儿童为自我做情景预见显著差于为他人做情景预见，这与第三章第三节的研究结果相吻合，也与 Russell 等（2010）的研究结果一致，4 岁儿童为他人未来需要做选择时比为自己做选择时困难小，也就是说，儿童不完善的自我投射能力会对情景预见产生消极的影响。

本节不仅采用被试内设计进一步验证了第三章第三节中 TD 儿童的结果，排除了该研究中不同视角的差异是由个体差异导致的可能性，更重要的是，本节发现，非 TD 儿童，如自我投射受损的 ASD 儿童，为自己做情景预见与为他人做情景预见并没有出现差异。这一结果符合我们的预期：ASD 儿童受损的自我投射能力不会在自我卷入的情景预见中发挥作用，因此没有出现自我投射对情景预见的干扰作用。有研究发现，2～3 岁的 TD 个体已经学会了使用代词"我"，这是幼儿自我意识萌芽的重要标志（杨丽珠，刘文，2006）。但是 ASD 个体常常把自己当作客体来认识，不能正确使用第一人称代词（Mitchell，O'Keefe，2008）。在与人极少的言语交流中，ASD 个体常用自己的名字代替"我"。正是由于这种自我的缺损，ASD 儿童在完成情景预见任务时，无论是为自己做选择还是为他人做选择，都没有自我投射的参与，也就不涉及当前自我和未来自我的分离，所以在两种视角下的成绩就没有出现差异。

另外，在不同视角下，ASD 儿童和 TD 儿童的任务表现模式存在差异。在他人视角下，ASD 儿童的情景预见得分显著低于 TD 儿童。这可能是由于为他人做预见涉及情景建构，而 ASD 儿童的情景建构能力受损，他们只关注单一元素而忽视整体，缺乏将多感觉通道的信息整合起来的能力，而海马机能障碍可能是造成 ASD 儿童情景建构损伤的关键因素（Lind et al.，2014b）。在自我视角下，两组被试的情景预见得分差异不显著。对 TD 儿童而言，不成熟的自我投射会干扰其自我视角的情景预见任务；而 ASD 儿童受损的自我投射虽然不存在这种干扰（当然也没有促进作用），但是情景建构能力的损伤会影响其完成情景预见任务。因此，在自我视角下，两组儿童完成情景预见任务的表现就没有出现差异。

此外，本节的研究对象是自我投射能力受损的典型孤独症儿童，那么对于自我投射能力保持相对完好的高功能孤独症个体（Lind et al.，2014b），他们在不同视角下的表现是否有差异呢？ASD 成人又是什么情况呢？对这些问题的回答能够进一步深化我们对非 TD 个体情景预见损伤机制的理解。

综上所述，TD 儿童为他人做情景预见优于为自己做情景预见，即幼儿不成熟的自我投射能力可能会对情景预见产生负面影响；而 ASD 儿童为自己做情景预见与为他人做情景预见不存在差异，也就是说，ASD 儿童受损的自我投射没有在情景预见中发挥作用。

第三节

孤独症谱系障碍儿童情景预见能力的
缺损机制：情景建构与语义支撑

第四章第一节的研究表明，ASD 儿童的情景记忆主要依赖以往的经验，而不是对特定时空条件下发生的特定情景事件的记忆。研究还发现，ASD 儿童的情景记忆受损，但是情景预见并未完全受损。所以，我们推测：是否在情景预见的过程中，语义经验发挥着作用？有研究表明，一般性的语义知识包括语义经验，其与情景记忆之间可能存在关联。这种语义经验在情景记忆和语义记忆之间可能起着桥梁性的作用，将抽象笼统的语义记忆转化为生动的情景细节。语义经验一边连接着语义记忆，承担着语义支架的作用，一边连接着情景记忆，建构整合情景片段（Renoult et al., 2012）。

所以，本节应用经典的项目选择任务范式进一步考察 ASD 儿童与 TD 儿童在情景记忆和情景预见上的差异，并且增加语义经验任务，关注语义经验在情景预见中的作用。本节试图通过 ASD 儿童和 TD 儿童之间的比较分析，来考察儿童的情景记忆和语义经验对情景预见的作用。

本节的主要假设：首先，ASD 儿童与 TD 儿童在情景记忆和情景预见上的得分存在显著差异，但在语义经验上的得分并无显著差异；其次，与 TD 儿童不同，ASD 儿童的情景记忆与情景预见之间相关不显著，而语义经验和情景记忆、情景预见相关显著。

一、ASD 儿童情景记忆、语义经验与情景预见的关系研究

（一）被试

根据医院的诊断及教师和研究者的进一步研究确认，从大连市一所孤独症康复治疗中心和一所融合性幼儿园选取 ASD 儿童，有效被试 20 人，男 16 人，女 4 人，月龄范围为 44～108 个月，平均月龄为 70.15 个月（SD=16.97）。TD 儿童选自大连市某幼儿园，有效被试 20 人，男 12 人，女 8 人，月龄范围为 39～55 个月，平均年龄为 45.30 个月（SD=5.10）。

（二）研究工具

1. 皮博迪图画词汇测验

皮博迪图画词汇测验主要用于测量个体的词汇接受能力，可供 2.5～18 岁个体使用。本测验一共包括 175 幅图，最高分为 175 分。测验时，主试说一个字或词，被试从四幅图中把能代表主试所说的那幅图选出来。

2. 韦氏儿童全量表测验

韦氏学龄前儿童智力量表（Wechsler Preschool and Primary Scale of Intelligence，WPPSI）共 10 个分测验，言语测验包括常识、词汇、算术题、类同词、理解，操作测验包括动物房、图画补缺、迷津、几何图形、木块图案，适用于 4～6.5 周岁的学前儿童。韦氏儿童智力量表（Wechsler Intelligence Scale for Children，WISC）共 12 个分测验，言语测验包括常识、类同词、算术题、词汇、理解、背数，操作测验包括填图、排列、积木、拼图、译码、迷津，适用于 6～16 周岁的学龄儿童。

3. 语义经验图片测验

选取 6 张彩色的情景图片（15 厘米×10 厘米）和 18 张彩色的物品图片（8 厘米×6 厘米），其中所使用的 6 张情景图片是幼儿比较熟悉的情景，多为日常生活中会遇到的，如厨房、杂货店等；物品图片包含这 6 种情景下所需的物品，

包括生日礼物、枕头和游泳衣等，还有 12 张干扰图片（其中的 6 张与实验情景直接相关，如在杂货店情景下为矿泉水）。

4. 情景记忆和情景预见任务

实验场所包括一个活动休息室和一个进行情景实验的教室。实验中还会用到一个盒子（有锁）、一把钥匙、一个小熊玩具、一个拼板和一张海盗图片。

（三）研究程序

1. 语义经验图片测验

实验图片是 6 个儿童比较熟悉的情景（如卧室），要求儿童在 3 张物品图片中选择可以带到某一情景的物品。任务得分就是记录被试选择正确选项的个数。每选择出一个正式实验中的情景图片所对应的正确选项，计 1 分，得分范围为 0～6 分。

2. 情景记忆和情景预见任务

情景记忆和情景预见任务改编自 Scarf 等（2013）对情景记忆的研究范式。

实验分为两个阶段，间隔时间为 15 分钟，ASD 组和 TD 组儿童都要参加两阶段的实验。第一阶段，儿童进入情景实验室（"海盗"的房间），与主试一起玩寻宝游戏。两人找到宝盒后，由于没有钥匙，暂时把盒子放回原处，去活动休息室进行皮博迪图画词汇测验。15 分钟后开始第二阶段的实验。主试问儿童两个有关情景记忆的问题。然后让儿童在三个物品（拼板、玩具和钥匙）中选择一个带去"海盗"的房间，并解释原因。在儿童做出回答后，主试就带儿童重新回到"海盗"的房间；如果儿童选择了正确的选项（钥匙），主试要观察并记录儿童是否会拿着钥匙去开盒子上的锁（情景预见）。

计分标准如下。

情景记忆指标：在主试向儿童呈现物品选项前问儿童是否记得刚才去过"海盗"房间以及房间里有什么。儿童每答对 1 题计 1 分，情景记忆得分范围为 0～2 分。

情景预见指标：儿童在进行物品选择时，如果选择了钥匙，主试要追问儿童原因，并观察其之后的行为。只要儿童正确解释选钥匙的原因是"用来开盒子或者打开盒子上的锁"，或者做出开锁的行为，则计 1 分；如果儿童没有选择钥匙或者儿童选择钥匙后，言语解释错误或者没做出开锁的行为，则计 0 分。情景预见得分范围为 0～1 分。

语义经验指标：实验结束后，要求儿童在三个备选物品中选择一个打开盒子。儿童选择钥匙计 1 分，选择其他选项计 0 分。语义经验得分范围为 0～1 分。

二、ASD 儿童情景记忆、语义经验与情景预见的关系分析

（一）ASD 组儿童与 TD 组儿童的匹配

本节中，ASD 组和 TD 组的儿童都进行了韦氏智力测验和皮博迪图画词汇测验，并对两组儿童的智力得分、皮博迪图画词汇测验得分和实足月龄等指标进行了独立样本 t 检验。结果如表 4-9 所示。

表 4-9　ASD 组和 TD 组的智商与言语能力比较

因变量	ASD 组（n=20）		TD 组（n=20）		t	p
	M	SD	M	SD		
实足月龄	70.15	16.97	45.30	5.10	−6.27	< 0.001
皮博迪图画词汇测验	49.50	21.77	37.90	17.61	−1.85	0.07
韦氏言语智商	82.00	16.51	96.95	4.62	3.90	< 0.001
韦氏操作智商	96.65	22.34	102.4	12.68	1.00	0.32
韦氏总智商	87.95	16.58	99.45	6.89	2.87	0.007

结果显示，ASD 组和 TD 组儿童的韦氏测验言语智商存在显著差异，$t(38)$=3.90，$p < 0.001$，Cohen's d=1.23，韦氏测验总智商也存在显著差异，$t(38)$=2.87，$p < 0.01$，Cohen's d=0.91。但是两组儿童的皮博迪图画词汇测验得分（$p > 0.05$，Cohen's d=−0.59）和韦氏操作智商（$p > 0.05$，Cohen's d=0.32）均不存在显著差异，说明两组儿童在语言接受能力和物品操作能力上是匹配的。

（二）两组儿童的情景记忆、语义经验和情景预见能力比较

语义经验的指标包括两个部分：语义经验图片任务中的得分（0～6 分）；情

景记忆和情景预见任务中的语义经验得分（0~1 分）。由于第一部分语义经验的得分范围过宽，为了与第二部分的语义经验得分范围相适应，我们对第一部分语义经验原始得分进行了分数加权，得分范围变为 0~2 分，最终语义经验的得分范围是两部分分数之和，分数范围为 0~3 分。

首先，ASD 组儿童和 TD 组儿童在情景预见任务中 3 个备选物品的选择偏好上不存在显著差异，$p_s > 0.05$。随后，对两组儿童的情景记忆、语义经验和情景预见进行独立样本 t 检验，结果如表 4-10 所示。

表 4-10　ASD 组和 TD 组儿童情景记忆、语义经验、情景预见的比较

因变量	ASD 组（$n=20$）		TD 组（$n=20$）		t	p
	M	SD	M	SD		
情景记忆	0.85	0.88	1.60	0.60	3.16	0.003
语义经验	2.62	0.46	2.73	0.40	0.86	0.398
情景预见	0.45	0.51	0.65	0.49	1.27	0.214

结果表明，ASD 组和 TD 组儿童的情景记忆存在显著差异（$p < 0.01$，Cohen's $d=1.00$），ASD 组儿童的情景记忆成绩显著低于 TD 组儿童，说明 ASD 组儿童的情景记忆存在缺损。ASD 组儿童的语义经验得分低于 TD 组儿童，但不存在显著性差异（$p > 0.05$，Cohen's $d=0.26$），表明 ASD 组儿童对于语义经验等常识性知识的识记能力与 TD 组儿童相似。两组儿童的情景预见得分差异不显著，$t（38）=1.27$，$p > 0.05$，Cohen's $d=0.40$。

由于两组儿童的年龄[$t（38）=-6.27$，$p < 0.001$，Cohen's $d=-1.98$]存在显著差异，考虑到年龄可能会是一个潜在的混淆变量，所以，我们以年龄为协变量进行协方差分析，结果如表 4-11 所示。

表 4-11　ASD 组和 TD 组儿童情景记忆、语义经验、情景预见的协方差分析

因变量	ASD 组（$n=20$）		TD 组（$n=20$）		控制年龄	
	M	SD	M	SD	F	p
情景记忆	0.85	0.88	1.60	0.60	14.98	< 0.001
语义经验	2.62	0.46	2.73	0.40	0.65	0.426
情景预见	0.45	0.51	0.65	0.49	8.64	0.006

结果表明，控制年龄后，两组儿童的情景记忆（$p < 0.001$，$\eta_p^2=0.29$）和情

景预见（$p < 0.01$，$\eta_p^2 = 0.19$）得分的差异都显著，ASD 组儿童的得分显著低于 TD 组儿童，说明 ASD 儿童的情景记忆和情景预见都出现受损的情况。但是，两组儿童语义经验差异仍然不显著，$p > 0.05$，$\eta_p^2 = 0.02$，说明 ASD 儿童的语义经验等语义知识相对完好。

（三）两组儿童情景记忆、语义经验和情景预见之间的关系

首先，对两组儿童的情景记忆、语义经验、情景预见进行相关分析，结果如表 4-12 所示。

表 4-12　ASD 组和 TD 组儿童情景记忆、语义经验、情景预见的相关

变量	语义经验	情景预见
情景记忆	0.284（0.485*）	0.748***（0.036）
语义经验		0.323（−0.054）

注：括号外的值为 ASD 组的数据，括号里的值为 TD 组的数据；*$p < 0.05$，***$p < 0.001$。

结果表明，ASD 组儿童的情景记忆和情景预见之间相关显著，$r=0.748$，$p < 0.001$，情景记忆和语义经验之间相关不显著，$r=0.284$，$p > 0.05$，语义经验和情景预见相关不显著，$r=0.323$，$p=0.164$。TD 组儿童的情景记忆和情景预见之间相关不显著，$r=0.036$，$p > 0.05$，情景记忆和语义经验之间相关显著，$r=0.485$，$p < 0.05$，语义经验和情景预见之间相关不显著，$r=-0.054$，$p > 0.05$。

随后，以年龄为控制变量，对两组儿童的情景记忆、语义经验、情景预见进行偏相关分析，结果如表 4-13 所示。

表 4-13　ASD 组和 TD 组情景记忆、语义经验、情景预见的偏相关分析

变量	语义经验	情景预见
情景记忆	0.255（0.608**）	0.708**（0.017）
语义经验		0.305（−0.039）

注：括号外的值为 ASD 组的数据，括号里的值为 TD 组的数据；**$p < 0.01$。

结果表明，ASD 组儿童的情景记忆和情景预见之间相关显著，$r=0.708$，$p < 0.01$，情景记忆和语义经验之间相关不显著，$r=0.255$，$p > 0.05$，语义经验和情景预见之间相关不显著，$r=0.305$，$p=0.204$。TD 组儿童的情景记忆和情景预见之间相关不显著，$r=0.017$，$p > 0.05$，情景记忆和语义经验之间相关显著，

$r=0.608$，$p < 0.01$，语义经验和情景预见之间相关不显著，$r=-0.039$，$p > 0.05$。

三、讨论与结论

本节的主要目的是在证实ASD儿童的情景记忆和情景预见能力受损的基础上，进一步考察ASD儿童的情景记忆和语义经验与情景预见的关系。本节采用Tulving的双房间任务来考察ASD儿童和TD儿童之间情景记忆与情景预见能力的差异。结果发现，ASD儿童的情景记忆与情景预见显著差于TD儿童，表明ASD儿童的情景记忆与情景预见受损，这与本章第一节的结果相吻合，同时，两组儿童的语义经验不存在显著差异，即ASD儿童的语义经验保存得相对完整。

首先，无论是本章第一节应用的情景图片任务还是第三节应用的项目选择任务，都验证了ASD儿童的情景记忆和情景预见能力受损。已有研究发现，高功能孤独症儿童在预测物理世界和未来自我方面的表现显著差于TD儿童，说明ASD儿童不仅自我投射能力缺损，而且对预测物理世界发挥重要作用的情景建构能力也受损，这类儿童的情景预见缺少自我在时间上的转换和情景元素的整合（Marini et al.，2016）。在本章第一节的研究中，ASD儿童不能将自我放置到过去和未来的情景中回忆物品图片并想象与图片相关的情景，自我投射存在受损的情况。本节中ASD儿童的情景记忆与情景预见依然明显差于TD儿童，保留相对完好的语义经验还没有起到明显的补偿或者语义支撑作用。

然而，Robinson等（2017）应用语义情景自传体任务考察高功能孤独症儿童情景记忆和情景预见的结果表明，高功能孤独症儿童与TD儿童在回忆过去事件和想象未来事件上的表现并无显著差异，这与Crane等（2013）应用句子完成任务考察孤独症成人的研究结果一致。对于这两个研究结果，可能的解释在于研究范式中给出回忆和想象事件的语义框架与语义提示，一定程度上会促进孤独症个体情景记忆和情景预见的提取加工，而且研究结果也表明孤独症个体在想象未来事件中会更多地提取语义关联信息来帮助完成情景预见。已有研究证明，高功能孤独症个体虽然语义记忆能力较差，但与对照组相比并无显著差异，一定程度上保留着对语义知识进行编码和提取的能力（Carmo et al.，

2016）。本节中的语义经验任务取自 Atance 和 Meltzoff（2005）情景预见图片任务中的热身部分，这部分内容设置选取的是儿童日常的语义经验性知识，如参加生日聚会要带生日礼物、吃饭需要用碗等。研究结果也表明，两组儿童的语义经验不存在显著差异，说明 ASD 儿童的语义经验保存得较好。

其次，研究发现，无论是否控制年龄变量，ASD 儿童的情景记忆和情景预见之间都存在显著相关，而 TD 儿童的情景记忆和情景预见之间却不存在显著相关。这与以往的研究结果不一致，导致这种差异的可能原因如下。

一是研究范式上的差异。以往研究大多采用言语访谈任务得出 ASD 群体的情景记忆和情景预见之间相关不显著（Lind et al.，2014a；Lind，Bowler，2010），本章第一节的研究采用非言语的图片任务也得出相同的结果，这可能是考察情景记忆和情景预见的任务之间相对比较独立造成的，这些任务都没有把情景记忆和情景预见的测量指标放在同一情景下，所以两者之间的联系很难从数据模式中体现出来。然而，在 Tulving 的经典测验范式下，对 ASD 儿童情景记忆和情景预见的考察融入同一任务情景中，两者的联系得到很好的建立，并且 Terrett 等（2013）应用言语访谈任务也得出 ASD 儿童的回忆过去和想象未来之间存在显著相关。

二是年龄的影响。本节中 TD 儿童的平均月龄（45.30 个月）明显小于第一节研究对象的平均月龄（70.15 个月）。由于年龄较小，本节中 TD 组儿童的情景记忆和情景预见本身发展就不完善，所以两者之间的联系还没有建立起来（Atance，2015）。而本章第一节和本节中 ASD 组儿童的平均月龄也存在差异，分别为 98.70 个月和 62.02 个月。研究已经证实 ASD 儿童的情景记忆和情景预见都受损，并且由结果可知，随着年龄的增长，该类儿童的情景记忆和情景预见之间的联系在不断削弱，甚至达到无显著相关，这可能也是相关能力受损和退化导致的结果（Williams et al.，2001）。

再次，研究还发现，与 TD 组儿童不同，ASD 组儿童的情景记忆和语义经验之间不存在显著相关。同时，ASD 儿童的语义经验和情景预见之间的相关值虽然没有达到显著水平，但是与 TD 组相比存在增强的趋势。也就是说，ASD 儿童的语言经验的作用模式可能与 TD 儿童存在差异。

由本章第一节的研究和本节的研究可知，ASD 儿童的情景记忆、语义经验和情景预见的相关受到年龄的影响。本节中 ASD 儿童的平均月龄较小，表现为情景记忆和情景预见之间的相关显著，而且情景记忆表现出对情景预见产生贡献的趋势。但在第一节的研究中，ASD 儿童的平均月龄较大，情景记忆和情景预见之间的联系却被削弱甚至相关不显著，说明随着年龄的增长，ASD 儿童的情景记忆和情景预见受损情况并未减轻，甚至出现退化的情况（Williams et al., 2001），情景记忆对情景预见的贡献也会逐渐减弱。因此，利用 ASD 儿童语义经验等语义知识来弥补其情景记忆和情景预见的缺陷可能是一种行之有效的方法。

相关文献和研究也表明，与自我目标相关的语义知识在个体的情景预见中起到至关重要的作用，自我目标可能在连接和组织特定情景表征方面起作用，将一连串相关事件整合形成个体的情景预见（Lehner，D'Argembeau，2016）。语义知识是对情景片段的抽象和概括，相对于情景表征具有更大的灵活性，语义知识通过整合松散的情景表征将自我投射到未来情境形成情景预见（Michaelian et al., 2016）。近期，相关学者也提出未来思维的时间距离（Temporal Distance in Future Thinking，TEDIFT）模型，认为个体情景连续性在人们回忆过去情景事件中具有更大的情景提示作用，而个体语义连续性在个体想象未来情景的过程中发挥更大的作用（la Corte，Piolino，2016），这主要是由于个体在预见不确定性的未来情景时会不自觉地参照以往的语义经验来作为目标参照框架，以期顺利地实现情景预见（Lehner，D'Argembeau，2016）。而这些能力对人类的生活、学习、工作和交往都至关重要，当然，对于 ASD 儿童来说，有效获得相应的情景预见能力有益于他们实现日后的生活自理和更好地融入社会（Volkmar et al.，2014）。

结合本章第一节中 ASD 儿童的数据模式，可以看出，无论年龄大小，ASD 儿童情景记忆和情景预见都显著受损，但是随着年龄的增长，情景记忆与情景预见之间的连接度在逐渐削弱。同时，本节中 ASD 儿童的语义经验有对情景预见提供一定程度的直接支持的趋势，而并不是为情景记忆提供脚手架来共同影响情景预见。由此可见，不同于 TD 儿童，ASD 儿童的情景记忆对情景预见有一定贡献，语义经验则试图直接支持情景预见。ASD 儿童的这种作用模式有别于 TD 儿童，不能归结为其发展中的一个阶段，而是其独特特点。

最后，第三章第三节研究考察了 3 岁和 4 岁 TD 儿童的情景记忆、语义经

验和情景预见，其结果与本节中 ASD 儿童的数据模式不尽相同。结果表明，4
岁儿童的情景记忆和情景预见显著地好于 3 岁儿童，而语义经验仍然不存在显
著差异。但是 4 岁儿童的情景记忆和情景预见之间相关显著，语义经验和情景
记忆之间的相关也显著，但是语义经验和情景预见之间的相关不显著。综合本
节和第三章第三节的研究结果可以看出，TD 儿童在 3～4 岁这一过渡阶段，情
景记忆和情景预见发展得还不完善，两者之间的联系也没建立起来，这时儿童
的语义经验可能起着支架作用，贡献于儿童的情景预见。而 4 岁之后，TD 儿童
的情景记忆和情景预见逐渐发展完善，两者之间相关达到显著，情景记忆对情
景预见的作用也在加大。

综上，本节得出以下两个结论：①ASD 儿童的情景记忆和情景预见能力均
受损，而语义经验保存得相对完好。②如果提供具体而一致的情景设置，ASD
儿童的情景记忆和情景预见有紧密联系，语义记忆则有直接为情景预见提供支
持的趋势，而非通过为情景记忆搭建脚手架来发挥作用。

第四节

对孤独症谱系障碍儿童的干预：
借助沙盘的游戏疗法

情景预见与其他认知结构相联系，尤其是心理理论，即理解他人的心理状
态，如信念、情绪、愿望等，并以此对他人可观测的行为进行预测和解释的能
力（Hanson，Atance，2014；刘岩等，2012a）。一方面，情景预见和心理理论
能力发生在近似的年龄段，关系密切（Perner et al.，2007）；另一方面，这两种
能力的神经基础也存在相当程度的重叠（Spreng et al.，2009），都涉及自我投射
的过程（Buckner，Carroll，2007）。同时，心理理论能力的缺陷一直是 ASD 个
体的典型特征之一，而 ASD 个体的情景预见能力也被证实存在缺损。对他人心
理状态理解上的困难会引发现实生活中人际交往的障碍，使个体无法灵活地应

对变化，会对未来事件的模拟产生消极的影响。鉴于情景预见与心理理论的密切联系，以及可能存在的因果关系，本节将采用借助沙盘的游戏疗法对 ASD 儿童进行一对一的训练，试图对其情景预见及心理理论能力进行干预。

干预过程分为四个阶段：熟悉阶段、情景建构阶段、假装游戏阶段和自我表达阶段。

第一阶段是熟悉阶段。由于 ASD 儿童经常处于抑郁和焦虑的状态中，他们在理解他人或被他人理解方面存在困难，难以与人正常沟通，自控能力差，多动及易怒（Cao et al.，2013），所以在进行沙盘干预之前，首先需要让他们把自己的负面情绪发泄出来（陈顺森，2010）。据此，本节设计了第一阶段，即熟悉阶段。被试在玩沙子的过程中将尽情发泄情绪，将最真实的自己表达出来，同时与主试逐步建立起良好的关系，慢慢熟悉沙盘室及摆沙盘的简单规则。

第二阶段是情景建构阶段。由于 ASD 儿童的想象力和注意力有一定缺损，在干预前期很难独立完成沙盘的制作，所以主试要对他们进行适当的帮助，使他们尽快进入真正的沙盘世界。Cao 等（2013）对一个患有阿斯伯格综合征的儿童进行了沙盘干预。参考其情景戏剧治疗阶段，我们设计了情景建构阶段，一方面旨在提高 ASD 儿童的想象力与创造力，让他们学会将沙子、玩具及他们自己之间进行连接，尽快进入状态；另一方面试图增强其构建情景的能力，从而提高情景预见能力。儿童在制作沙盘的过程中，需要思考如何构建一个假设中的情景，包括什么场景下应该摆放什么东西、怎样摆放玩具等，这也就在无形之中促进了儿童情景预见能力的发展。

第三阶段是假装游戏阶段。有研究发现，假装游戏训练能有效提高孤独症儿童的心理理论能力（肖晓等，2014）。而沙盘游戏具有象征意义，它可以用于假装游戏。假装游戏技巧的训练可以帮助儿童学习假装和模仿行为，通过交换角色和角色扮演，沙盘游戏可以帮助 ASD 儿童学会站在别人的角度思考问题，经历其他人可能有的心理状态，以提高其理解他人的期待与想法的能力（陈顺森，2010）。这一阶段是在情景建构阶段的基础上，将沙盘疗法与假装游戏的干预方法结合起来，对 ASD 儿童进行综合性干预。游戏中，主试会引导 ASD 儿童理解处于沙盘中的玩具人物的心理状态：假装人物玩具游览自己的沙盘作品，他们会干什么，会想什么。在此过程中，让 ASD 儿童初步学会理解他人的内心。

第四阶段是自我表达阶段。该阶段参考了寇延（2005）所设计的结案阶段。经过前几个阶段的学习，ASD 儿童已基本学会了沙盘制作的规则，本阶段可以检验他们的学习成果。在这一阶段，被试的个人模式被启动，这一阶段是他们进行内心表达的阶段，干预也即将结束。主试可以将这一阶段的沙盘作品和第一阶段的作品进行比较，总结出被试的进步和改变。

本节首先对所有被试进行前测，用系统的测量任务评估 ASD 儿童的心理理论和情景预见能力，然后根据 ASD 儿童的智商、月龄、接受性语言水平、心理理论和情景预见能力将其匹配成同质的两组。一方面，对实验组儿童实施借助沙盘的游戏干预；另一方面，对照组儿童照常完成平时的课程和活动。干预结束后，再次对两组被试分别进行心理理论及情景预见能力的测评，通过对实验组前后测成绩的比较和实验组与对照组成绩的比较，来考察借助沙盘的游戏疗法对 ASD 儿童心理理论与情景预见能力的干预效果。

一、对 ASD 儿童进行游戏干预的分组设计

（一）研究目的

通过借助沙盘的游戏疗法对 ASD 儿童进行训练，提高其心理理论与情景预见能力。

（二）研究方法

1. 研究对象

选取大连市某孤独症康复中心的儿童共 14 名。其中，一半儿童（7 名）实施借助沙盘的游戏干预，另一半儿童（7 名）作为对照组，照常完成平时的课程和活动，不进行游戏干预。参与研究的儿童与主试已经相处较长时间，比较熟悉，没有排斥现象，家长也能够积极配合。

2. 研究任务与材料

（1）瑞文推理测验

瑞文推理测验是一种非文字的智力测验，主要用来测验被试的观察力及清晰思维的能力。瑞文推理测验彩色型是为了适应测量幼儿及智力低下者而设计的，本研究选取的被试年龄较小，且观察力、注意力等都有所欠缺，因此选择了彩色型对他们进行测评。

（2）皮博迪图画词汇测验

该测验用来测量被试的接受性语言能力。测验时，主试拿出一组图片，并随机说出一个词，要求儿童指出 4 张备选图片中哪一张最符合该词的意义。

（3）心理理论任务

本节的心理理论任务分为信念理解任务、情绪理解任务及愿望理解任务三种，每种任务都设计成有难度梯度的一整套任务。对所有被试分别进行三种任务的测评，被试不理解或无法通过时即停止，并做记录。

信念理解任务包括推测的信念任务、信念的多样性任务、冲突真实信念任务、明显错误信念任务、意外内容任务和意外地点任务。其中，推测的信念任务是根据 Sparrevohn 和 Howie（1995）的心理理论任务改编而成的；信念的多样性任务和明显错误信念任务是根据 Wellman（1990）使用的关于儿童信念推理的任务改编而成的；冲突真实信念任务是根据国内学者张婷等（2009）的实验任务改编而成的；意外内容任务根据"糖果盒"故事改编；意外地点任务为经典的错误信念之意外地点任务，由 Baron-Cohen 等（1985）的 Sally-Ann 任务改编而成。

情绪理解任务包括卡通表情识别任务、真人相片面部表情识别任务、情绪观点采择任务和情绪原因解释任务。其中，卡通表情识别任务和真人相片面部表情识别任务改编自张玉梅（2007）对 3～6 岁幼儿的面部表情识别任务，而情绪观点采择任务和情绪原因解释任务分别引用和改编自莫新竹（2014）的研究中的相应任务。

愿望理解任务包括简单愿望理解和愿望形成理解任务，这两个任务改编自张倩倩（2013）的研究中使用的实验任务。

（4）情景预见任务

实验材料：12 张彩色情境图片（15.0 厘米×10.0 厘米），24 张彩色物品图片（7.5 厘米×5.0 厘米）。情境图片在热身实验和正式实验中各使用 6 张。

实验程序：本节的实验程序改编自 Atance 和 Meltzoff（2005）的研究范式，包括热身实验、正式实验和控制实验。

3. 研究程序

干预之前，首先评估所有被试的智力、接受性语言能力、心理理论和情景记忆能力，将被试匹配成同质的两组。然后对实验组儿童实施半年借助沙盘的游戏干预，平均每人 26 次左右。干预在每周固定时间、以一对一的方式进行，每名被试大约 40 分钟。每次沙盘干预，都会录像及做记录，用于随后的分析。借助沙盘的游戏干预步骤如下。

（1）熟悉阶段

该阶段是主试与被试建立关系，被试的情感表达和主试的应对阶段，持续两个半月。主试简单说明沙盘制作的一些规则之后，让被试自由玩沙子及沙具。主试在一旁记录，观察被试感兴趣的玩具类型。该阶段是让 ASD 儿童自己去体验和探索玩沙子的乐趣，以及发掘他们自己的游戏规则的过程，是由他们自己将沙子、沙子下面的蓝底、微模型玩具及自我之间做连接的阶段。ASD 儿童无法按照主试的指令去制作沙盘，必须自己制定规则，只有他们熟悉沙盘之后，才能由玩沙子进入制作沙盘的过程。在该阶段，ASD 儿童可能会有很多不恰当的玩沙子或玩具的行为，主试需要以正确的方式和态度来应对，对被试的反应无条件地接受和包容，让他们获得足够的安全感，这样他们才能完全释放情绪和尽快熟悉沙盘。当被试不再需要家长的陪伴，可以单独在沙盘室玩游戏，不再以扬沙、抛沙、用沙子埋手臂等玩沙行为为主要活动，也不再拿某个单一玩具在沙盘里重复移动或用沙子埋玩具等玩玩具的行为为主要活动，并且可以在主试提示下拿玩具建造情景的时候，第一阶段结束，进入下一阶段。

（2）情景建构阶段

这一阶段持续两个月。在沙盘游戏中，当 ASD 儿童展示出与自己兴趣或意图一致的玩具时，主试会参与并鼓励他通过讲一个与玩具有关的故事来创造出日常生活中一种常见且合理的场景，让他们发挥想象力去制作沙盘。这一阶段用来培养被试对未来场景的预见能力，通过主试的提示，让他们想象在该情景下需要用什么玩具进行点缀更合适，通过主试与被试的合作建设场景，提高他们的情景预见能力。与此同时，在与主试的合作中，被试逐渐学会如何正确地摆放玩具和玩沙子，并慢慢理解主试的想法，促进其理解他人可能有着与自己不同的看法，在这样的磨合中，被试的心理理论也在逐步提升。

（3）假装游戏阶段

进行 4～6 次情景建构之后，当被试开始完全配合主试，根据其提示建构场景，进而表现出主动构建场景的状态时，进入假装游戏阶段。该阶段建立在情景建构的基础上，当被试完成作品后，主试和被试一起分享沙盘，将整个沙盘通过想象连接成一个整体，引导他们进行假装游戏，把沙盘的某一部分想象成什么地方。主试随机发挥，可以拿一个人物玩具放进沙盘里，以这个人物玩具作为主人公讲一个社会故事，让被试体验主人公的心境，并学习一些社会行为。该阶段持续两个月，7～8 次。

（4）自我表达阶段

该阶段持续一个月，在该阶段，主试不需要给出任何指导语，完全由被试独立进行沙盘的制作，主试进行记录，最后对沙盘作品进行简单分析。

结束干预之后，对 14 名 ASD 儿童再次进行心理理论和情景预见任务的测验，最后将实验组与对照组被试的前测和后测结果进行统计分析，考察借助沙盘的游戏疗法对 ASD 儿童干预的效果。

（三）结果与讨论

1. 前测成绩：同质性比较

实验组与对照组儿童的月龄、智商、接受性语言能力、心理理论（信念理解、情绪理解和愿望理解）和情景预见能力经 t 检验后无显著差异，具有同质性，结果如表 4-14 所示。

表 4-14 实验组与对照组儿童的同质性比较

变量	实验组（$M \pm SD$）	对照组（$M \pm SD$）	t	p
月龄	73.85±16.55	81.85±17.87	−0.87	0.402
智商	95.14±8.55	90.42±11.57	0.87	0.403
接受性语言能力	44.85±19.29	37.85±24.25	0.60	0.561
信念理解	1.43±0.53	1.71±0.75	−0.82	0.430
情绪理解	21.57±7.50	17.14±7.29	1.12	0.285
愿望理解	1.71±1.89	0.71±1.25	1.17	0.266
情景预见	3.57±1.13	3.14±1.06	0.73	0.481

2. 心理理论

对实验组与对照组的心理理论的后测结果进行了独立样本 t 检验，结果如表 4-15 所示，从表 4-15 中可以看出，两组被试的信念理解、情绪理解及愿望理解的后测成绩均存在显著差异（$p_s < 0.01$）。

表 4-15 两组儿童心理理论和情景预见的后测结果比较

因变量	实验组（$M \pm SD$）	对照组（$M \pm SD$）	t
信念理解	4.29±0.48	2.57±0.97	4.16***
情绪理解	36.00±4.61	24.43±2.99	5.56***
愿望理解	6.00±1.73	2.71±1.60	3.68**
情景预见	4.86±1.46	2.00±1.63	3.45**

注：**$p < 0.01$，***$p < 0.001$。

接下来，分别对实验组与对照组的心理理论任务的前后测成绩进行配对样本 t 检验，结果如表 4-16 所示。结果表明，实验组在信念理解、情绪理解及愿望理解任务中的前后测成绩均存在显著差异（$p_s < 0.01$），实验组的后测成绩都有所提高。而对照组在信念理解和情绪理解任务中前后测成绩均不存在显著差异，愿望理解的前后测成绩则存在显著差异（$p < 0.05$）。

表 4-16 两组儿童心理理论的前后测结果比较

组别	因变量	前测（$M \pm SD$）	后测（$M \pm SD$）	t
实验组	信念理解	1.43±0.53	4.29±0.48	−8.40***
	情绪理解	21.57±7.50	36.00±4.61	−4.73**
	愿望理解	1.71±1.89	6.00±1.73	−7.07***
	情景预见	3.57±1.13	4.86±1.46	−2.47*

续表

组别	因变量	前测（$M \pm SD$）	后测（$M \pm SD$）	t
对照组	信念理解	2.71±0.75	2.57±0.97	−1.55
	情绪理解	17.14±7.29	24.43±2.99	−2.24
	愿望理解	0.71±1.25	2.71±1.60	−3.24*
	情景预见	3.14±1.06	2.00±1.63	1.38

注：*$p<0.05$，**$p<0.01$，***$p<0.001$。

在信念理解和情绪理解任务中，两组最初同质的被试在干预后出现了显著差异，同时，只有实验组的成绩有显著提高，对照组变化不明显。因此，可以推断出，对实验组被试在信念理解和情绪理解方面的游戏干预是有效的。

在愿望理解任务中，两组最初同质的被试在干预后出现了显著差异，但无论是实验组还是对照组，后测成绩均有提高。其中，实验组与对照组的差异说明游戏干预表现出了一定的效果，而前后测的差异表明还有一部分差异是由发展造成的。

3. 情景预见

对实验组与对照组情景预见的后测得分进行独立样本 t 检验，结果如表 4-16 所示。结果表明，两组被试选择正确选项的得分存在显著差异，实验组显著高于对照组；而两组被试在选择无关选项时也存在显著差异，实验组得分明显低于对照组。

接下来，我们分别对实验组与对照组情景预见任务的前后测成绩进行配对样本 t 检验，结果如表 4-16 所示。结果表明，实验组选择正确选项的前后测成绩存在显著差异，实验组在后测中正确率增加，情景预见能力有所提高。而对照组情景预见能力前后测成绩不存在显著差异。

综上，两组最初同质的被试在干预后出现了显著差异，同时，只有实验组的成绩有显著的提高，而对照组没有明显变化。由此可以得出，本节借助沙盘的游戏干预在情景预见方面也取得了一定的效果。

二、对 ASD 儿童进行游戏干预的个案分析

为了对游戏干预效果进行更细致深入的评估，接下来，我们在实验组中选

取两名典型被试，进行个案分析。

（一）个案分析——ZC

1. 基本信息

在正式做游戏干预之前，研究者与个案已经有了半年多的相处，研究者每周都会去个案所在的幼儿园做志愿者活动，每周三都会带 ZC 上一天课，彼此之间建立了很好的关系。个案虽然是 ASD 儿童，但与研究者可以进行一些较简单和刻板的交流。

ZC，男，3 岁时被诊断为阿斯伯格综合征，症状比较轻微，在成长中伴有癫痫症状。在前测中，个案月龄是 84 个月，记忆力比较好，也有良好的语言表达能力和清晰的发音，但表达的内容缺乏逻辑，并存在刻板现象，如经常重复提问同一个问题。一方面，ZC 性格活泼，脾气温和，自控力比较强，能控制自己的行为和情绪，教师和家长都说没有见过他发脾气。虽然他不喜欢和同龄孩子互动，但能记得清同班小朋友的名字。另一方面，ZC 身体微胖，行动笨拙，对课堂活动缺乏兴趣，注意力不集中，遇到困难时很容易放弃，甚至哭泣。他喜欢游戏课，但不喜欢感觉统合训练。ZC 非常喜欢在厕所里玩，特别是玩水、听冲厕所的声音和看冲厕时水流的旋转。ZC 喜欢和研究者交流，也能在人群中认出研究者，但经常重复问一些无意义的问题。

2. 前测

（1）心理理论

在心理理论的前测中，对于信念理解任务，ZC 只回答了推测的信念任务，对于其他任务的问题则不作答，均记 0 分。对于情绪理解任务，ZC 在卡通表情识别和真人面部表情识别任务中全部答对，能够辨认四种表情；在情绪观点采择任务中，ZC 可以理解高兴和生气，但把伤心的情景回答为生气，不理解恐惧（害怕）的情景；对于情绪原因解释任务的问题则不作答。对于愿望理解任务，在简单愿望理解任务的三个故事中，ZC 能识别主人公的情绪，但对于会不会去另外一个地方找东西，他刻板地全部回答"会"，对于愿望形成理解任务的问题则不作答。

（2）情景预见

在前测中，对于情景预见，ZC 的答题纸如表 4-17 所示。ZC 一共回答对三个问题，在沙漠和瀑布情景中，问题选择和偏好选择一致，但能回答出简单的原因，可以排除偏好的影响。在雪山情境中，由于 ZC 非常喜欢游泳，在偏好选择时选择了游泳衣，而在提问时选择了冬衣，问及他为什么选择冬衣，他回答"很冷"，并伴有打战的动作，可见 ZC 对以上三个情景问题是理解的。对于礁石和公路情景，ZC 选择了联系选项，并回答了自己的原因。而对于山谷情景，ZC 选择无关选项，对于原因则不作答。

表 4-17 个案 ZC 情景预见前测记录表

情景	选项	选择	控制偏好	解释	情景	选项	选择	控制偏好	解释
沙漠	贝壳			因为看不见	雪山	冬衣	√		很冷（伴有颤抖的动作）
	香皂					游泳衣		√	
	太阳镜	√	√			冰块			
礁石	创可贴			小鱼要游泳	山谷	碗	√		
	枕头					汉堡包			
	鱼	√	√			树枝		√	
公路	生日礼物			种树	瀑布	钱			下雨穿雨衣
	矿泉水		√			岩石			
	树	√				雨衣	√	√	
计分			选正确选项：3		选联系选项：2		选无关选项：1		

3. 干预

（1）熟悉阶段（第 1～5 次）

初始沙盘是一次简单和重复的游戏，ZC 摆弄单一的玩具，不断地将沙子散落在一个房子上。他只拿了两个房子和一个小女孩，妈妈放进去两棵树，但没有引起他的兴趣。在进行到 20 分钟左右时，ZC 开始扬沙子，并不断自言自语："有没有灰尘？姥姥睡觉了吗？大灰狼在大森林。"他不断将沙子扔在地上，还笑嘻嘻地将沙子扔在研究者和妈妈身上，但 ZC 并不让妈妈出去。整体看来，他一直在扬沙或者将沙子撒落在房子上，将双手藏进沙子里，喜欢看沙子从指间流动的现象，情绪放松，不断自言自语。当研究者问他喜欢什么玩具之类的问题时，他不予理睬，对扬沙后满屋子的灰尘非常感兴趣。ZC 对声音非常敏感，当上课或者下课铃响时，会表现出非常兴奋的样子。他也喜欢用手指敲击木制玩具听声音。对于能发出尖锐响声的玩具，他似乎格外喜欢。在第一次干预中，他将注意力集中在熟悉沙盘、玩具和适应新的环境上。妈妈说他此时的注意力要比平时好很多，并且提到他平时在海边玩时，从来不会在沙滩上待很久，平时不怎么喜欢玩沙子，在这次做沙盘的过程中，他比平时要放松很多。

由于在之前已经有了半年多的相处，ZC 对研究者比较熟悉，从第 2 次干预开始，他不再需要母亲的陪伴。在之后的几次沙盘游戏中，ZC 大部分动作也是扬沙，把沙子撒落在桌子上，听沙子落在桌子上后发出的"呲呲"的声音，但开始将玩具和沙子进行连接，理解玩具是放进沙盘里的。

从第 3 次干预开始，ZC 开始摆大量的房子，偶尔也会拿两三个小人玩具，但他并没有将这些小人看作人类，而是把他们扔在沙子里。研究者第一次将沙盘底部的蓝色区域露出，并且问 ZC 这是什么颜色，然后再问什么是蓝色的。但 ZC 并不回答，同时将沙子撒落在蓝色底盘上，不愿意看到蓝色的区域，并表现出焦虑的情绪，大喊，态度比较强硬。

在第 5 次干预的时候，研究者终于成功让 ZC 联想到大海和天空是蓝色的，这一次他没有强制性地用沙子把蓝色底盘掩埋。研究者问 ZC 大海里都有什么，ZC 找出海星和两条小鱼给研究者，但不会自己把它们放进"大海"里。ZC 还是拿大量的房子，比较喜欢招财猫的玩具，而且找到一个卫生间的房子模型，对卫生间模型爱不释手，一直问研究者"谁在上厕所呢？"，尤其对卫生间上男厕和女厕的标志很感兴趣。

此时，ZC 对沙盘室的环境已经非常熟悉，让 ZC 做宣泄和放松及情绪表达的目的也已经达到，家长和教师都表示，ZC 的情绪要比以前好很多，很少哭泣了。因此，干预开始进行下一个阶段。

（2）情景建构阶段（第 6～15 次）

这一阶段仍以孩子为中心，但与第一阶段相比，干预的比重有所增加。具体措施如下：当孩子展示出符合自己意图或兴趣的玩具时，研究者会参与和鼓励他，并通过讲一个与玩具有关的故事，构建出日常生活中常见的、合理的场景。同时，在该阶段，以湿沙子与干沙子交替顺序进行干预，湿沙子更便于构造情景。

　　在第 6 次干预中，研究者第一次将沙盘里的沙子做成湿沙子进行干预。ZC 进沙盘室后，仍然用双手去抓一把沙子试图扬沙，在发现是湿沙子后问："这是什么？沙子怎么了？"研究者问 ZC："现在沙子是湿的还是干的？"ZC 不回答，同时表现出明显的失落感。这一次，ZC 没有拿任何玩具，用沙子搓手玩，同时自言自语："洗手。"在 25 分钟的时候，ZC 发现不能扬沙，双手捧沙扔在地上。研究者问他："这样做对不对？"ZC 回答"不对"，但似乎有些不愉快，在 30 分钟左右的时候 ZC 离开了沙盘室，似乎对湿沙子不感兴趣。

　　第 7 次干预采用的是干沙子。ZC 很兴奋地去扬沙，第一次主动用手去做出一片蓝色的区域，在研究者引导其这是大海的时候，他又用沙子将蓝色区域盖住。这一次他又拿了很多房子，房子是乱扔在沙子里的，在研究者的提示下，他建造了一个别墅区。但是当研究者退出游戏时，ZC 将整个情景破坏，所有房子东倒西歪，他开始在整个沙盘上空抛沙子，完全进入了自己的内心世界。

　　在第 9 次干预中，在 ZC 进入沙盘室之前，研究者在沙盘正中间制造了一片范围很大的蓝色区域"大海"。ZC 进来之后没有破坏，他拿了一个卫生间和红顶房放在左下角。研究者询问 ZC 大海里有什么，ZC 去拿了两条小鱼放进"大海"里。在研究者与其协商后，ZC 同意两个人各放一个玩具，看谁放的玩具更合适。研究者首先拿了一个小房子放在他摆的房子旁边，随后他拿了一条小船，在研究者讲了一个有关故事之后，他把小船放进"大海"里，并说："小船在大海里玩，小船要去哪呢？"之后他又拿了一架钢琴和一座宝塔，都是直接放进"大海"里。在研究者讲故事或者提示之后，ZC 将钢琴移到了沙子上，并说"小朋友应该在这里弹钢琴"。快结束的时候，ZC 拿了一个小桥，起初他总把小桥放进"大海"里或者其他位置。研究者告诉他小桥是连接两个位置的工具，小朋友要通过小桥去往他们想去的地方。随后，研究者用手指在沙子上轻轻滑出一条"河流"，并把小桥放在"河流"上方，ZC 表现出非常兴奋的表情，并重复跳跃和鼓掌。这是 ZC 第一次完全配合研究者，展现了一个相对完整和丰富的主题。主题以大海为中心，海边有各种风景。ZC 在这次干预中没有出现抛沙和扔沙等破坏行为，情绪比以往稳定很多，对研究者的故事也渐渐开始感兴趣。从这一次的干预中还可以看出，ZC 非常喜欢卫生间和钢琴。

　　第 10 次干预使用的是湿沙子。这一次 ZC 没有表现出厌倦情绪，像和稀泥一样玩湿沙子，非常开心。ZC 将一大片沙子在沙盘正中间拱起，在研究者的提示下，将其想象成一座"大山"。同时，ZC 也在自言自语"好高的山！哥哥，山高不高？山好高啊"，表现得非常兴奋。然后，研究者引导其一起建设一座"大山"，并让他自己去挑选合适的玩具。ZC 拿了一个卫生间和一架钢琴分别放在沙盘的角落，在研究者的提示下，ZC 开始在"大山"上种树，两人协商一人种一棵树。随后，ZC 拿了很多房子和小船，分别放在沙子上和"大海"里，条理比较清晰，放置的位置也很合理，同时一直重复要奖励。之后，ZC 拿了一只招财猫放在卫生间旁边，说"小猫要上厕所"。这一次，研究者提示他小猫上完厕所想吃饭，并拿了桌子和椅子，然后问 ZC 小猫在哪里吃饭。ZC 将小猫放在椅子上，但发现小猫比椅子大很多，放在椅子上后会摔倒，此时他将小猫放在桌子上，并说"小猫要吃饭"。随后他拿了一个公交车放在沙子里，在研究者跟他讲故事之后，他又拿了一个公交站牌放在公交车旁边，并说："公交车要去哪里呢？"之后他主动拿了一个小桥放在"大海"上面，并成功连接两块"陆地"，似乎对上一次干预的提示有所记忆，并初步学会了一些情景建构。此时，研究者问"谁在弹钢琴？"，ZC 拿了一只小鸭子放在椅子上，并放在钢琴旁边。研究者又问"小鸭子在弹奏什么乐曲？"，ZC 说"小鸭子过生日"，并同时哼唱生日快乐歌的旋律，但没有唱歌词。这是 ZC 第一次在湿沙子中摆出内容丰富并且富有特色的场景。

在接下来的几次干预中，ZC 建构了不同的主题，研究者的提示也渐渐减少。ZC 对于什么物品应该在海里，什么物品在陆地上，还有座椅等家具的放置这类情景问题都渐渐熟悉。在之后的几次沙盘游戏中，ZC 逐渐加入其他元素，沙盘中出现了更多的动物和各种交通工具，尤其是加入了合理的人物主题。在第 14 次干预中，ZC 将一个男人摆在床上，将一个女人和一个小孩摆在沙发上，三个人在看电视。妈妈说这是平时晚上在家里的场景，在摆完之后，他也会说"爸爸在床上看电视"，ZC 正渐渐试着将平时的生活场景迁移到沙盘中。

在这个阶段的干预中，特别是在 8 月中上旬的时候，他的妈妈提出，ZC 的语言表达能力和想象力都比以前好了很多，有很强烈的表达欲望，但现在的学习环境缺乏与同龄孩子交流的机会。因此，母亲决定在下学期，也就是 9 月初，陪伴、协助儿子在普通学校读小学一年级。ZC 的家长多次肯定了干预的效果，同时表示虽然以后上小学会离开这里，但每周三下午的沙盘会坚持做下去。ZC的个训教师表示，他的想象力提高很多，情绪也稳定了，上课焦虑和急躁的表现比以前少了很多，似乎比以前多了些耐心。ZC的妈妈也提到，ZC现在回答从学校坐几路车转几路车能回到家，今天上课哪些小朋友没有来这些想象类的问题比以前有很大进步。特别是在游戏课时，在玩"老狼老狼几点了"的游戏中，当小朋友被"老狼"（教师）抓走后，他会变得很焦虑和着急，试图从"老狼"手里把同伴救回来，而且会非常用力地和"老狼"争抢同伴，甚至有时会着急地大喊"不要老狼抓走"。而在此之前，ZC对于"老狼"把"小动物"抓走之后，"小动物"会被吃掉这样的问题没有概念，以前玩游戏时，同伴有没有被"老狼"抓走，似乎对他并没有影响。

由于ZC逐渐可以自己去构建合理的场景和主题内容，在第15次干预之后，研究者决定进入下一个阶段的干预。

（3）假装游戏阶段（第16～24次）

这一阶段依然以孩子为中心，研究者在和孩子摆设一个合理的场景后，会给他讲一个和沙盘有关的故事，让他去想象身临其境会发生什么，让孩子与研究者或者家长分享自己的作品，尝试让他们表达出来。

在第16次干预中，ZC首先拿了一个卫生间的模型和一个招财猫放在沙盘里，并说："小猫想上厕所。"ZC还摆了很多其他小动物，还有和之前一样的小鸭子在弹钢琴。在ZC摆了15分钟左右时，研究者开始跟他交流，问他："小动物着急去厕所，但是不能一起进去怎么办？"在沟通之后让ZC说出了："要排队。"刚开始ZC将小动物放在椅子上，但发现会跌倒，于是将椅子换成了桌子，在卫生间门口重新摆了一排桌子，每个桌子上放一个小动物。ZC跟研究者说："小猫先去厕所，着急去厕所。"然后他依次摆了恐龙、老鼠、小猪、小兔子和小鸭子。然后研究者问："小猫要去厕所是不是从桌子上跳下来就可以？"ZC就将招财猫从桌子上拿下来，并将卫生间往后挪了一点位置，将招财猫放在卫生间门口，说："小猫上厕所了，小猫是不是上厕所了？"之后研究者问ZC："现在该谁上厕所了？"ZC将小猫放回桌子上，摆放在一边，把其他小动物挨着拿下来放在厕所门口说："谁先去厕所了，它又去厕所了……"此时，家长看到排队的小动物渐渐没了，就拿了一个机器猫放在桌子上，并放到了小猪的前面。

研究者问 ZC："那个蓝色的小猫怎么了？"在研究者的协助下，ZC 开始自言自语："它插队了，小猫插队对不对？不对！"此时，招财猫从桌子上掉了下来，研究者紧接着问："小猫摔下来了，它摔下来疼不疼？"刚开始 ZC 不回答，在提示下，ZC 拿起小猫说"好疼"，并帮小猫揉身体。之后 ZC 自己摆出小动物排队去上课的场景，并且自言自语。

第 18 次干预前，ZC 在国庆节期间随父母出去旅游并住在酒店里，他对这次的旅行特别是酒店记忆犹新，而且 ZC 当天路过熟食品交易中心时又看到了相同名字的酒店。因此，ZC 在进沙盘室之后，一直说想去熟食品交易中心。在第 18 次干预中，ZC 首先拿了床、沙发、座椅、电视柜、电视机及浴池等一套家具，在研究者的协助下，他把记忆中酒店房间里的场景展现出来。随后，研究者拿出房子，告诉他这是你们住的酒店，并放在了酒店房间的前面。ZC 非常配合地将一些建筑摆放在"酒店"旁边，在二人的合作下，所有建筑摆成面对面的两排，其中包括 ZC 喜爱的卫生间，还有学校、医院、加油站、超市及饭店。然后，研究者拿了一辆公交车放在两排建筑中间，让他想象成这是马路。随后 ZC 自己也拿了两辆小车放在马路上，并在公交车旁边放了公交站牌。研究者拿了一个小男孩和一个女人，告诉他这是妈妈和 ZC，然后问爸爸去哪里了。此时，ZC 拿了一个男人放在床上，并说："爸爸在看电视。"随后研究者问："ZC 生病了，妈妈着急带他去对面的医院，怎么办？"在研究者的提示下，ZC 拿了一个小桥放在路中间。同时，研究者告诉他这是天桥，小朋友过马路要从天桥过去。之后研究者又问 ZC，妈妈和 ZC 现在想坐公交车去动物园，可是公交车走不动了，怎么办？ZC 将小车轻轻推到加油站旁边，并说："加油！"研究者随后也问了很多妈妈想去哪里，要怎么走一类的问题，并让 ZC 学习了左边和右边等方向性的问题。

接下来的几次干预都是通过沙盘与假装游戏结合进行干预。比如，ZC 会拿一些食物和厨房用品假装做饭和假装吃，并问研究者："哥哥，好吃吗？"他也会制作一片大海和森林，然后摆各种小动物。ZC 的想象力有所提高，渐渐地可以与研究者一起分享沙盘作品，与研究者的交流和语言表达也越来越多。

家长也表示，ZC 的表达能力大大提高，逻辑思维能力和讲述连贯完整故事的能力也有所提高，开始对人感兴趣。另外，由于 ZC 刚进入小学，不太适应，再加上手指精细动作比较差，学校的作业成为很大的负担，他变得没有以前那么活泼和机灵。但是 ZC 每次做完沙盘之后都会有很大改变，情绪会比较放松。在沙盘室看到研究者之后，会表现得非常兴奋，而且在家里经常看着自己与研究者的照片大笑，并问家长："哥哥去哪了，找哥哥玩沙盘。"ZC 渐渐将干预当成学习后的一种课后放松游戏，同时，他对表情的识别变得越来越敏感，当研究者表现出生气的表情时，ZC 会马上说："哥哥不要生气。"当研究者批评他表现不好的时候，他会伤心地哭泣。在干预期间，研究者也会问他"哥哥为什么生气？""妈妈今天为什么笑了？""ZC 为什么哭了？"一类的问题，他渐渐开始去理解别人的想法，看别人的表情去做事。

在第 24 次干预后，ZC 的表现已经达到了预期效果，准备进入最后一个阶段。

（4）自我表达阶段（第 25～26 次）

在这一阶段，孩子的个人沙盘开始启动，这一阶段是 ZC 以自己独特的兴趣为基础的自我表达阶段。在最后两次干预中，研究者和家长不再给他任何提示与帮助，完全由他自己去制作沙盘。结束后，ZC 会与研究者分享。

ZC 在最后一次干预中依然对卫生间特别感兴趣，将卫生间摆在正中间，旁边有几个排队上厕所的人和小动物。在 ZC 与研究者分享之后，研究者知道卫生间附近的树是为了消除厕所的臭味（这一点在假装游戏阶段的时候研究者曾经提示过他）；大猩猩在海边洗澡，说明 ZC 很爱干净；公交车要从左上角的蓝房子去往右下角的黑顶房，蓝房子是自己家，黑顶房是宋老师家，他想去宋老师家做客；"大海"里的男人在游泳；ZC 自己将小桥架在水面，连接两片陆地。整体作品比较有逻辑性，作品中的一些细节也体现出 ZC 在之前学习中的成果，他可以记住一些特定的情景，可以将学到的知识与自己的兴趣爱好结合做出一个属于自己的作品。

在所有沙盘干预结束之后，研究者对家长进行了一次访谈。家长提出，ZC 从 11 月底开始有了不同于别人的想法，开始经常性地说"不"，妈妈让他做一些家务或他不喜欢做的事情时，他开始学会拒绝。在家里他会经常跟父母唱反调，当妈妈跟他商量晚饭吃什么的时候，他都会说"ZC 不吃"，或者"ZC 说不好"。当他觉得别人和自己的想法不一样的时候，就会表现出沮丧。ZC 开始出现共情行为，当听到别的小朋友哭泣的时候，他会表现得非常焦虑，并问："妈妈，他是不是哭了？小朋友为什么哭了？"他会跑到小朋友身边擦眼泪并安慰。ZC 见了研究者之后会紧紧抱着研究者，表现得非常开心。但当妈妈问他"你有没有想哥哥啊？"时，ZC 会说"没有想哥哥"，也就是开始出现欺骗行为，言语表达与行为表达产生不一致。由此可以看出，ZC 的心理理论能力有了一定的提高。

4. 后测

（1）心理理论

在信念理解的后测中，除了意外地点任务以外，ZC 在其他任务（推测的信念、信念的多样性、冲突真实信念、明显错误信念和意外内容任务）中都回答正确，语言表达非常清晰。同时，后测成绩较前测成绩的进步是非常明显的。

ZC 在情绪理解的后测中全部回答正确，记为满分。对于真人面部表情识别，他可以正确命名，指着图片说："这个阿姨是生气了吗？""这阿姨是不是哭了？她为什么哭了？是不是很伤心呢？"ZC 可以对所有表情正确命名，这可能与在干预中辅助其识别研究者和妈妈的表情有关。ZC 对最后一个情绪原因解释任务的回答也非常清晰。同时，情绪理解的后测成绩较前测成绩有明显的进步，说明 ZC 在干预后情绪理解能力有了很大的提高。

ZC 在愿望理解的后测中也全部回答正确，记为满分。ZC 在简单愿望理解任务的前测中，可以识别主人公的情绪，但会刻板地给出同一个答案。而在后测中，ZC 可以清晰地回答出主人公会不会去另一个地方找东西。在愿望形成理解的后测中，ZC 可以辨别出，哪个小女孩想和小狗玩，哪个小女孩不想和小狗玩，哪个小女孩差点被小狗咬伤，哪个小男孩想骑自行车，哪个小男孩不喜欢骑自行车，谁刚才从自行车上掉下来了。同时，ZC 的后测成绩较前测成绩有很大的进步。

（2）情景预见

ZC 的情景预见测评结果如表 4-18 所示。后测中，ZC 全部答对，并做出了合理的解释。除了山谷情景中答案与偏好选择一致，都是汉堡包以外，其他情景的答案与偏好选择均不一致，可以排除偏好的影响。与前测相比，ZC 在后测中的进步是非常明显的，说明 ZC 的情景预见能力有了一定的提高。

表 4-18 个案 ZC 情景预见后测记录表

情景	选项	选择	控制偏好	解释	情景	选项	选择	控制偏好	解释
沙漠	贝壳			太阳大，看不见	雪山	冬衣	√		很冷（伴有颤抖的动作）
	香皂		√			游泳衣			
	太阳镜	√				冰块		√	
礁石	创可贴	√		亿烧伤，手受伤了	山谷	碗			饿了
	枕头					汉堡包	√	√	
	鱼		√			树枝			
公路	生日礼物			散步	瀑布	钱		√	有水，湿了
	矿泉水	√				岩石			
	树		√			雨衣		√	
计分	选正确选项：6 选联系选项：0 选无关选项：0								

（二）个案分析——LLH

1. 基本信息

研究者与 LLH 第一次见面是寒假过后开学的第一周，他是这学期从另一个班级调过来的新生，在干预之前他与研究者相处时间比较短，对研究者不是很熟悉。

LLH 是一个男孩，在 2 岁半之前，各方面能力发展都很正常，语言表达等都和正常孩子没有差异，但从 2 岁半开始出现倒行现象，能力发展出现迅速倒退现象。家长说 LLH 经常偷偷一个人跑去坐电梯，从一楼坐到最高一层，但那时他是认识家门并知道自己家在第几层的。LLH 在 3 岁左右的时候在北京协和医院被确诊为典型孤独症。

前测时，LLH 的月龄是 55 个月。LLH 的发音清晰，但几乎不与外界交流，包括他的父母。若反复问他同一个问题，他会做出两三个字的回答，没有言语表达的欲望，喜欢一个人跑到一个角落做事情。LLH 喜欢旋转的东西，非常喜欢看熊出没的动画片，经常拿着手机一边看动画片，一边自己不停地原地转圈，同时会自言自语，表达的都是一些奇奇怪怪的话，家长和研究者都听不懂。母亲对他的教育比较严格，因此，LLH 表现出胆小的性格，做事之前经常会偷偷看母亲。LLH 喜欢学习，而且学习能力非常强，记忆力也比较好，喜欢写字和数学。母亲对孩子的学习非常有信心，也一直在努力。LLH 没有情绪问题，可以自己控制情绪，家长和教师都说没有见过他哭闹，也从没见过他发脾气。他喜欢音乐课，而且对旋律非常敏感，身体协调性也比较强，可以随着音乐做一些教师规定的动作。

2. 前测

（1）心理理论

在前测中，LLH 的信念理解任务、推测的信念和信念的多样性任务回答正确，对于另外四个任务则不作答，因此记为 0 分。在信念的多样性测评中，LLH 也没有说话，对于提问，他一直用手来指，需要研究者去猜测他想说什么。在情绪理解任务中，对于卡通表情识别任务，LLH 全部答对；对于真人面部表情识别任务，女性的表情都答对，记为 8 分，男性的生气、伤心和害怕三个消极情绪指错，记为 5 分；情绪观点采择任务中，LLH 将伤心和害怕两种情绪弄混了，记为 6 分；LLH 对情绪原因解释任务的提问不做任何回答，记为 0 分；LLH 对愿望理解的所有任务提问均不做任何回答，记为 0 分。

（2）情景预见

从表 4-19 中可以看出，LLH 做出正确选择的是沙漠、雪山及瀑布的场景，对其他三个情景的回答都选择了无关选项，对于选择原因的提问，他仍然不做任何回答。从表 4-19 中可以看出，LLH 受偏好的影响比较大，有四个情景的选择都和偏好选择一致，也就是说，个案可能是喜欢什么就选择什么。

表 4-19　个案 LLH 情景预见前测记录表

情景	选项	选择	控制偏好	解释	情景	选项	选择	控制偏好	解释
沙漠	贝壳		√		雪山	冬衣	√	√	
	香皂					游泳衣			
	太阳镜	√				冰块			
礁石	创可贴				山谷	碗	√		
	枕头	√	√			汉堡包		√	
	鱼					树枝			
公路	生日礼物	√	√		瀑布	钱			
	矿泉水					岩石			
	树					雨衣	√	√	
计分		选正确选项：3　　选联系选项：0　　选无关选项：3							

3. 干预

（1）熟悉沙盘阶段（第1～5次）

初始沙盘是一个很简单而又重复的游戏。研究者让LLH握着沙子，然后问他"这是什么""LLH喜欢玩沙子吗""你在干什么"等问题，LLH均不予理睬。LLH的妈妈说他非常喜欢玩沙子，平时看到土和沙子这类东西就会非常开心，玩得浑身都是灰尘。妈妈在干预开始10分钟左右的时候出门了，走之前特别跟LLH交代"我先出去了，你在这里好好玩"，妈妈的离开对LLH没有任何影响。从一开始LLH就反复将双手用力拍在沙子上，并自言自语"接下来……首先……然后"等片段性没有意义的话语，也会伴随着尖锐的笑声。干预进行15分钟的时候，LLH开始扬沙。他用双手各抓一把沙子，举在空中，让沙子慢慢地从手中流出，LLH似乎不喜欢荡起灰尘。研究者问："LLH，你看后面有很多玩具，把你喜欢的玩具放进沙子里好不好？"LLH对研究者的提问不予理睬，但过了2分钟左右，LLH在原地不断跳起，并发出类似海豚音"哇！好多的玩具"，似乎非常兴奋。他对研究者的其他指导语都不予理睬，没有眼神交流。研究者将沙盘底盘的蓝色区域露出，问他这是什么颜色，LLH表现得非常焦虑，迅速用沙子将蓝色区域埋藏。LLH在前30分钟没有往沙子里放任何玩具，他会从柜子上拿起风车、路标、照相机等玩具反复转动，看一看，然后就放回原处。而在后30分钟，LLH将整个沙盘都摆满了，但可以看出很明显的分界。LLH拿了很多一样的交通标志和路标放在左下角，并用沙子将它们掩埋；左上角是很多相同的房子，但也是东倒西歪，埋在沙子里面；右上角则很整齐地摆了两排同样的木制桌子，还有两排椅子。他摆桌椅的时候，开始跟研究者有了初步的交流。研究者指着桌椅问LLH："你拿的这是什么？"他很迅速地回答"桌子""椅子"。可以看出，LLH在干预的后半段表现得非常轻松，在他放松的时候可以与别人做简单交流。从最后的整体沙盘来看，他的沙盘作品是没有意义的，但可以看出，LLH存在较明显的刻板行为，他将桌椅摆放得非常整齐，各类物品也是分区域摆成一堆。

第2次干预是在他的妈妈的陪伴下进行的。但LLH与研究者或者妈妈都没有任何交流，直到LLH找到一把小雨伞，发现自己打不开后，他跑来对着研究者说："妈妈，帮我打开。"妈妈问他："谁是妈妈？"妈妈指着研究者问："他是谁？"LLH 在思考一会儿后，着急地对着研究者大喊"打开"，似乎他对人称代词不会转换，私下里家长也反映 LLH 对爸爸、妈妈的称呼分不清。LLH 在刚开始的时候，拿了一些飞机、船等交通工具，都用沙子埋起来。他还拿了很多家具，桌子都是两两并排，整整齐齐地放在一起，椅子和钢琴也是这样，然后他将沙子慢慢撒在桌子上。在最后 20 分钟的时候，LLH 将整个沙盘摆满了，但是他的作品还是没有任何意义，这是他在对玩具和沙盘进行连接，正在慢慢学习玩具是放在沙盘里的。可以看出，他主要集中注意力去熟悉玩具和适应新的环境。在这次干预期间，LLH 跟外界没有交流。

在第 3 次干预中，LLH 抓了两把沙子大范围抛出。在研究者做出生气的表情时，LLH 对着研究者微笑，似乎在向研究者挑衅，但又像是在刻意引起研究者的关注。在这次干预中，研究者第一次成功地将蓝色区域露出，并摆了帆船在"大海"里。这一次，LLH 没有去破坏，甚至在抓沙子往外扔的时候，手指也会刻意绕过蓝色区域。这一次他摆了很多鲜艳的宝石类玩具。

在第 4 次干预中，LLH 的沙盘开始出现很多绿色植物，整个沙盘种满了各种各样的树。研究者堆起的一座高山似乎也能引起他的兴趣，他渐渐可以和研究者合作。他对沙盘室的环境熟悉得非常快。因此，可以开始进行下一阶段的干预。

在这一阶段，研究者对 LLH 的 4 次游戏干预是有效果的。他渐渐可以识别出研究者，并能跟研究者做最简单的交流，似乎也喜欢跟研究者一起玩。LLH 对沙盘的兴趣是很明显的，每一次来都表现得非常兴奋。家长也认为，LLH 在这段时间是比较放松的，开始学会表达自己的情绪，当母亲做了一件与他的想法不一致的事情时，他会大声喊出来进行发泄。当与正常的孩子玩沙子时，他把沙子扔在别的小朋友身上，当小朋友哭泣的时候，他却会微笑，似乎他在用自己的方式跟别人分享。但对于别人的回馈，对于小朋友为什么哭了，他似乎还不理解，但他开始尝试表达自己的情绪，去寻求别人的关注。

LLH 在这一阶段的表现是非常安静的，没有大幅度扬沙、扔沙子等破坏行为，这对之后的合作会有很大帮助，但是他这几次都没有去拿人物或动物等有生命的玩具，这个问题在之后的干预中需要特别注意和引导。

（2）情景建构阶段（第 6~15 次）

在第 6 次干预中，LLH 拿了很多房子，在研究者的提示和协助下，LLH 将房子面对面摆成两排，似乎是一条街道，也像一个小城镇。研究者在左上角划出一片蓝色区域，成功地让 LLH 将其想象成一片"大海"，研究者将一条小船放进"大海"里，也引起了 LLH 的兴趣。

在第 7 次干预中，第一次呈现湿沙子。LLH 没有很排斥，他将双手埋在沙子里，对满手的沙子表现得非常兴奋，在中间隆起一座高山。这一次，他依然去拿了很多房子。LLH 似乎开始喜欢表达，每拿一个房子都会自言自语"房屋的屋"，拿着蛋糕会兴奋地喊"礼物"，同时哼唱生日快乐歌。在研究者的协助下，他开始将房屋当作房屋，而不是乱扔的玩具，他摆的房屋主题也较为合理。对于沙盘中间的"大海"，似乎湿沙子更容易帮助他想象，他拿了很多小船放进"大海"里，渐渐将蓝色区域与"大海"在内心进行了连接。而且 LLH 第一次拿起了有生命的玩具，将一条恐龙放在"大海"边。LLH 开始与研究者有了很简单的交流。当研究者问"你胖不胖"的时候，LLH 会腼腆地笑着回答"胖"，似乎知道这个问题让他很尴尬。研究者与 LLH 的交流逐步变得多了起来。

在第 8 次干预中，LLH 一开始就做出一片"大海"，并放进很多小船，他的想象力开始变得丰富，摆了很多颜色鲜艳的贝壳。同时，他自己学着种树。当研究者帮他种树的时候，他会把研究者推开，似乎希望自己独立去做好。这一次，他也试着模仿研究者将蛋糕放在桌子上，因为放在沙子上不干净。

在之后的干预中，LLH 渐渐开始独立去做沙盘。在第 10 次干预中，帆船和公交车等交通工具类玩具比较多，在研究者的提示下，LLH 会将公交车摆在公交车站牌前面，会将帆船集中的地方摆成一个"码头"。LLH 在干预中会自言自语"喜欢做沙盘，欢迎来到……"，似乎是想和别人分享自己的作品。

从第 14 次干预中可以看出，他的作品有着很明显的整体性和逻辑性。而且研究者成功地提示了小桥放置的正确位置，LLH 将小桥架在了水面上方，连接两片区域。在这次干预中，房屋没有整整齐齐地靠在一起，而是很有协调性地分散在整个沙盘中，俯瞰整个沙盘，像一座海边的城市。

在情景建构阶段的干预中，LLH 完全配合研究者共同展现完整、合理和丰富的场景主题。在作品完成之后，LLH 的破坏性也减弱了，似乎知道这是自己辛苦劳作的成果，不会去弄乱，会在没有玩具的沙子上轻轻扬沙和在沙子上写字，直到最后结束。LLH 对沙盘的兴趣始终未减，每次干预结束都非常不情愿离开沙盘室。LLH 每次都会先做出一片"大海"，然后放一些小船，随后拿很多房子，这些动作开始变得有些重复，体现出 LLH 的刻板性行为。然而，他的乐趣在于使作品变得有意义，而且场景的可塑性也大大增强，他的沙盘作品渐渐变得合理和丰富。LLH 的想象力渐渐得到提高，研究者的提示也越来越少，因此可以进行下一阶段。

LLH 在这一阶段的变化和进步是明显的。在 9 月初的时候，有一次研究者在教室门口碰见 LLH，他张开双臂，慢慢地说："哥哥，抱……想你了。"他的语言并不是很流畅，但能看出他开始学着去表达内心的想法。LLH 的母亲对这件事非常感动，她说这是 LLH 5 岁以来第一次对一个人表达"想"这个词。家长也提到，LLH 近期的语言表达和想象力进步都非常大，开始与家长有眼神交流，当发现爸爸不在家的时候，他会问"爸爸去哪了"。对于别人的问话，他也开始学着回答。当妈妈跟他说"妈妈走了，LLH，再见"，他也会说"妈妈走了，LLH，再见"。LLH 用最简单的语言去跟他人交流，也开始去表达自我，他会说："喜欢玩沙盘，不想去上常识课。"但人称代词的转换还不是很灵活，或者话语中没有人称代词，都是最简单的句子。在上游戏课的时候，他变得比以前活泼了，开始渐渐理解不同游戏的规则。

（3）假装游戏阶段（第 16~24 次）

这一阶段依然以孩子为中心，在和孩子摆设一个合理的场景后，研究者会给他讲一个和沙盘有关的故事，让其设想身临其境会发生什么。同时，要求他与研究者或者家长分享自己的作品，尝试让他表达出来。该阶段中，将沙盘与假装游戏结合对 LLH 进行综合干预。

在第 17 次干预中，第一次给 LLH 呈现了厨房用具和蔬菜、水果。LLH 对这些玩具很感兴趣，将煤气灶放进沙盘里，并顺手将一个锅放在灶台上，并喊了一声"点火"。研究者问："打不着火怎么办？"LLH 环顾四周之后，拿起点火器去点火，这似乎是在模仿妈妈平时做饭时的动作。随后 LLH 将所有的蔬菜和水果都拿了下来，并用菜刀在玩具上摩擦，似乎是在切菜。于是，研究者将一个菜板拿给他，提示他应该在菜板上切菜，他非常开心。之后他将每一个食物都用刀切两下然后拿给研究者，并自言自语"首先……切……"，似乎是想表达一些做饭的流程。研究者将他切好的玉米和香蕉放在盘子里，他看到以后立刻停止了切菜的动作，来到研究者旁边，将之前切好的食物一个一个放进盘子里，并将番茄酱挤在食物上。之后他用勺子盛满沙子，然后轻轻撒在食物上。研究者问："你放的是什么？"LLH不回答，研究者接着提示："你放的是孜然吗？"LLH随即很兴奋地回答："是！"之后他重复之前的一套流程，将食物切好，放进盘子里，然后放番茄酱，再撒些"盐""糖""孜然"等。在做好四盘食物之后，LLH又去用点火器点火，将玉米放进锅里并盖上锅盖。研究者问LLH："你是在煮玉米吗？"LLH很开心地回答："煮玉米！煮玉米！"过了一会儿，LLH突然喊道："摆桌子！"于是，在研究者的提示下，LLH和研究者一起拿了四张桌子，研究者将一盘食物放在一张桌子上，LLH模仿研究者的动作将其他盘子都端到桌子上。随后，研究者提示："有没有小朋友要吃LLH做的好吃的？"LLH很激动地回答："有。"随即，研究者将椅子围绕桌子摆了一圈，并拿了一个孙悟空放在椅子上说："孙悟空来吃LLH做的好吃的了。"LLH看到后，随即模仿研究者拿了很多小人和小动物依次放在椅子上。最后，LLH将一个蛋糕也放在桌子上，似乎是在请大伙儿吃饭。这一次LLH表现得比平时要兴奋，似乎想象力也比以前进步很多。同时，他能将平时妈妈做饭的一些场景复制到沙盘中，说明LLH的记忆力是很好的。

在接下来的第18~20次的干预中，LLH均是以厨房用具和各种食物为主要主题进行沙盘制作，似乎对这类玩具爱不释手。

在第21次沙盘游戏中，LLH起初也是在玩厨房类玩具。但在开始后20分钟，LLH将所有玩具放回，换了一些交通工具类的玩具放进沙盘。这一次他又主动做了一片"大海"，并放入了一只帆船和两条小鱼。在研究者拿了一个房子给他后，他第一次开始说数字"要两个""三个"，研究者根据他说的数字，将同样个数的房子拿给他，他表现得很开心。在这次沙盘作品中，他似乎摆了一个繁华的海边城市，有机场和停车场，还有在海边吃蛋糕的安逸的人们。在他的作品完成之后，研究者拿了一个小人玩具问："这个小男孩现在想从停车场去往机场，他应该怎么走？"刚开始LLH不太理解研究者的问题，在引导之后，他慢慢开始明白，会拿着小人在沙盘里走来走去，显得非常开心。

在第 22 次干预中，他没有拿厨房类玩具，首先拿的是交通类玩具，这一次他主动说："我想要火车。"可是这里并没有玩具火车，在研究者的引导下，他将很多辆公交车连接起来，并激动地一直喊："好长的火车！"

在第 23 次和第 24 次干预中，沙盘的主题更多的是海边的城市。研究者会问他："哪个是你家？""哪个是奶奶家？"在他对每个建筑定义之后，研究者会问一些从哪里到哪里之类的问题，他的回答渐渐趋于合理，而且对自己命名的建筑可以记住。

在这一阶段中，LLH 主动与研究者进行交流的次数变得非常多，会经常对研究者表达"我想你了"之类表达情感的语句，对研究者的提问也能够积极地回答。LLH 对情绪的识别进步非常大，尤其是对研究者或妈妈生气的表情很敏感。当看到他们做出生气的表情时，他会马上停止错误的动作，有时候也会迅速捂嘴。当看到妈妈高兴的表情时，他会笑嘻嘻地问："妈妈是不是笑了？"LLH也会拿着蛇等凶猛的动物说"LLH 好怕"，并将动物扔在一边；当听到有小朋友哭泣的时候，他会立马跑出去问"谁哭了？小朋友为什么哭了？"，并会跑到小朋友身边静静待着，可以看出 LLH 试图去安慰小朋友，但是表达不出来。

家长提到，LLH 这段时间的情绪要比以前好很多，微笑次数明显增多。LLH现在在家也开始喜欢往厨房跑，似乎想要帮忙，家长会让他做一些简单的任务，LLH 会表现得很开心。之前，LLH 在家总是一个人玩，父母在不在家对他没有任何影响，而现在他似乎对人开始感兴趣，有强烈的表达欲望，也有强烈的帮助别人的愿望。教师也提到，LLH 的表达能力大大提高，逻辑思维有进步，他在班级中参与活动的热情明显提高。

综合 LLH 的整体表现，可以进入最后一个阶段。

（4）自我表达阶段（第 25~27 次）

在这一阶段，孩子的个人沙盘开始启动，这一阶段是 LLH 以自己独特的兴趣为基础的自我表达阶段。在最后两次干预中，研究者和家长不再给 LLH 任何提示和帮助，完全由他自己去制作沙盘。在做完沙盘之后，他会与研究者分享。

LLH 在这一阶段呈现了不同的主题，有他喜爱的厨房类玩具展示，也有海边五彩斑斓的彩石和贝壳。在最后一次干预的沙盘作品中，他将同类的车子连起来放，是想做成他喜欢的火车和地铁等较长的交通工具的样子。绿色植物围绕沙盘的边缘摆放，所有房子都摆在右边，很像是郊外。从该作品可以看出，LLH 的想象力变得很丰富，小车不再是单独的玩具，将同类别小车结合起来可以做出沙盘室没有的火车等玩具。他会将蛋糕挨着摆放，并将一个蓝色的探测器放在一头，最后他告诉研究者这是一条毛毛虫。这一次他没有摆繁华的都市，而摆了一个简单而安逸的郊外情景。从作品的整体设计到沙具的摆放似乎都很合理，而且他开始用蛋糕呈现出毛毛虫这样有生命的动物，让人感受到一种轻松愉悦的心情。

在最后一次干预结束之后，研究者对家长进行了一次访谈。家长提到，在干预之后，LLH 在情感表达和问题回答方面进步最大。在干预之前，姥姥来家里做客似乎对他没有任何影响。但现在，姥姥一来，他会主动和姥姥搂抱和亲吻以表示欢迎，当姥姥走了之后，他也会一直问妈妈："姥姥去哪了。"在干预之前，当别人问他问题时，他都不予理睬，而现在问他"你吃饭了吗？"，他会回答"吃了"，问他"吃的什么？"，他会回答"肉肉"。也就是说，LLH 渐渐可以回应别人的一些简单提问。而且 LLH 逐渐对人开始感兴趣，特别是从 9 月底开始，他喜欢和同班的一位同学在一起，将他视为好朋友，无论干什么都会想到他。当教师问"打你还是打他？"时，LLH 会回答"都不要打"。当在教室里找不到好朋友时，他会着急地出去找，特别喜欢跟在好朋友后面，似乎想跟他一起玩。中午吃饭的时候，妈妈问他"要不要给好朋友一块肉肉吃？"，LLH 会主动夹一块肉给好朋友吃。妈妈提到，LLH 非常喜欢吃肉，着急的时候还会和别人争抢，但现在开始学会和别人分享。同时，LLH 的表达开始变得有逻辑性，非常喜欢与研究者聊天，每摆一个玩具，他都会告诉研究者摆的是什么。在家里，他也经常会跟妈妈说"想哥哥"。妈妈表示，LLH 对"想"这个词不会轻易说出来，仅仅会用到他非常喜欢的人身上。通过游戏干预，研究者跟 LLH 建立了密切的关系。整体看来，LLH 的进步是非常明显的。

4. 后测

（1）心理理论

LLH 信念理解的后测成绩只有明显错误信念任务得分是有进步的。在情绪理解的后测中，真人面部表情识别全部正确，而在情绪观点采择任务中，LLH

将害怕的情景指成了伤心，他对情绪原因解释任务的提问不作回答，记为 0 分。相对于前测，这项任务上的得分有小幅度的进步。在愿望理解的后测中，在简单愿望理解任务的第三个情景中，LLH 找到了更有吸引力的东西，回答为高兴，而对于其他问题，个案都回答正确，因此记为 5 分。LLH 对愿望形成理解任务的提问不作回答，记为 0 分。与前测相比，该任务的表现是有一定进步的。

　　总的来说，LLH 的后测成绩相对于前测而言，进步不是特别明显，这可能与个案的年龄太小有关。

　　（2）情景预见

　　LLH 的情景预见测评结果如表 4-20 所示。后测中，LLH 除了山谷情景外全部答对。对于雪山情景选择冬衣的解释是很简单的一个字——"冷"，对于其他情景选择的原因解释回答"因为……所以……"，没有可提取的有效信息。在沙漠、雪山和瀑布的情景问题中，LLH 的选择和偏好是一致的。在山谷情景中，LLH 喜欢的是汉堡包，也就是正确答案；而在情景问题的提问中选择的是树枝，这并不是正确答案，因此可以排除个人偏好的影响。整体来看，LLH 的情景预见能力是有所提升的。

表 4-20　个案 LLH 情景预见后测记录表

情景	选项	选择	控制偏好	解释	情景	选项	选择	控制偏好	解释
沙漠	贝壳				雪山	冬衣	√	√	冷
	香皂					游泳衣			
	太阳镜	√	√			冰块			
礁石	创可贴	√			山谷	碗			
	枕头					汉堡包		√	
	鱼		√			树枝	√		
公路	生日礼物		√		瀑布	钱			
	矿泉水	√				岩石			
	树					雨衣	√	√	
计分		选正确选项：5　　选联系选项：1　　选无关选项：0							

三、讨论与结论

本节采用的借助沙盘的游戏干预主要是针对 ASD 儿童的心理理论和情景预

见能力的损伤来设计的。结果发现，借助沙盘的游戏干预对实验组儿童心理理论和情景预见能力的提高起到了明显的作用。

在借助沙盘的游戏疗法的第二阶段，即情景建构阶段，熟悉沙盘之后，儿童开始学习制作沙盘，在研究者的引导下，儿童将起初杂乱无章的作品渐渐变得合理和有意义。在这一阶段，儿童与研究者的交流逐渐增多，与人交流、分享及合作的意愿也初步显露。无论是儿童的表现还是家长和教师的反馈，都表明儿童在心理理解能力上取得了实质性的进步。同时，在这一阶段中，沙子开始由"湿沙"和"干沙"交替呈现，一方面可以探讨他们对两种沙子的偏爱，从而为下一阶段的进行打好基础；另一方面湿沙有助于建"高山"等模型，以立体形式更好地呈现在沙盘里，促进儿童学习如何构建合理的场景。该阶段还侧重培养儿童的想象力和注意力。想象力的提高对于儿童进行基于时间的自我投射有着积极的作用。也就是说，在学习建构合理情景的同时，儿童的情景预见能力也在进步。各方面的反馈都证实了儿童的想象力有很大的进步，说明该阶段取得了预期的效果。

在第三阶段，即假装游戏阶段，我们将假装游戏与沙盘游戏相结合，进行综合干预。假装游戏是学前儿童的一种主要游戏形式，对儿童的情绪情感及社会交往等各方面的发展都有着积极的作用。有研究证实，当他人与自己的假装状态有差异时，需要心理理论的参与（Jarrold et al.，2010），而 ASD 儿童的这两种能力都存在缺陷。在假装游戏中，ASD 儿童要与他人进行合作，需要形成共享的意图（Rakoczy，2008）。因此，通过假装游戏可以促进 ASD 儿童心理理论能力的提高，将假装游戏与沙盘游戏相结合，更容易激发儿童的兴趣。

相对于信念理解和情绪理解任务，愿望理解任务是最简单的。Phillips 等（1995）提到，ASD 儿童具有部分的愿望理解能力。在结果分析中可以看到，游戏干预之后，实验组儿童的进步是非常明显的，在愿望形成理解任务中的表现尤其明显。而对照组在简单愿望理解任务中的进步也较为明显，前后测成绩存在显著差异，这说明在干预期间，随着年龄和语言等各方面能力的发展，对照组的简单愿望理解能力有较大的提高。尽管如此，前测中同质的两组儿童在简单愿望理解任务的后测成绩比较中依然存在显著差异。也就是说，年龄的发展对儿童愿望理解能力的提高有一定促进作用，同时游戏干预也是有效果的。

　　研究还发现，ASD 儿童在接受干预后情绪理解能力有了提高。在儿童与研究者合作制作沙盘的过程中，儿童逐步学会如何去和研究者交流与分享，发现自己不同的行为会引起研究者不同的表情和言语反馈。当他们表现出扔沙子等错误行为时，研究者会表现出很生气的表情；当他们表现得非常好时，研究者会表现出很高兴的表情。通过这一过程，儿童开始学习识别各种情绪。特别是当儿童将自己的作品与研究者分享时，其中包含的积极情绪也会传达给别人，从而增强其喜悦的体验。家长的反馈是，干预以后，儿童对表情识别的敏锐度提高了，能较为迅速地对别人的表情做出反应，不会再按他们自己的想法随心所欲。从结果分析中也可以看出，实验组儿童在干预之后的后测成绩较前测成绩有很大进步，除了卡通表情识别任务（难度最低）在前测便出现了天花板效应外，另外三项任务在前后测中都存在显著差异。同时，对照组的情绪观点采择任务的前后测成绩也是存在显著差异的。这说明，游戏干预对 ASD 儿童情绪理解能力的提高发挥了积极的作用，同时儿童自身的发展起到了一定的推动作用。

　　信念理解的形成对于 ASD 儿童而言是相当重要的。在游戏干预中，儿童与研究者对玩具摆放的位置会有不同的意图。在分享时，儿童也会发现，自己与研究者对某个玩具的想象可能是不同的。通过这样的比较，儿童逐步懂得他人的想法可能与自己不同，他们开始渐渐去学习和理解别人的内心世界。在情绪不好的时候，他们会将沙子捧在手心向上空抛起，造成一次"沙尘暴"，此时他们是非常兴奋的，但当他们注意到研究者和家长生气的表情时，就会马上收敛。尤其是当听到下课铃响时，他们还会拿着一个自己喜欢的玩具递给研究者，并主动跟研究者聊天，说一些能让研究者高兴的话，尝试去取悦研究者，想让研究者同意他们多玩一会儿沙子。在假装游戏中，研究者经常会拿着一个玩具小人给他们讲故事，"这个小朋友现在想去海边玩沙子，他应该怎么走……"，让他们去想象这些玩具模型也会有自己的想法，也可以说话和行走等，从而促进他们的信念理解的进步。在多次干预后，他们渐渐地将自己的内心世界表达出来，并去尝试着让别人接受自己的想法，同时试着理解别人的想法，从而其信念理解能力得到了促进。

　　综上所述，对于 ASD 儿童而言，年龄和各方面能力的发展对其心理理论能力的提高有一定的推动作用，而本节中实施的借助沙盘的游戏干预能够更有效地促进儿童愿望理解、情绪理解、信念理解和情景预见能力的提升。

第五节

对孤独症谱系障碍儿童的干预：家长介入

上一节的干预研究发现，借助沙盘的游戏治疗对 ASD 儿童提高心理理论和情景预见能力有一定的效果，但是回访的结果表现出了一些不如人意之处。比如，随着干预结束，儿童的进步很难维持，甚至出现了一定程度的退化。但是持续的沙盘干预又会受到人力、物力的影响，很难长期实施。为了解决这个问题，我们又尝试了一种更经济并且后续效果更好的干预模式，即家长介入的干预，也就是由研究者培训家长，家长具体实施对孩子的干预。另外，我们通过以沙盘为媒介的游戏疗法对心理理论和情景预见进行干预，虽然干预之后短期内整体效果较好，但是这种游戏疗法有没有触及和改变 ASD 儿童损伤最核心的部分呢？受到研究方法的限制，效果很难评估。因此，在本节中，我们不再对心理理论和情景预见这样较为复杂的认知能力进行干预，而是选择了更为基础的、与心理理论和情景预见有密切联系的基本认知能力——共同注意——作为干预的着眼点，试图通过改善 ASD 儿童的共同注意能力，进一步提高其心理理论能力，从而增强其情景预见能力。

共同注意又称联合注意，是指两个人共同对某一事物加以注意，分享对该事物的兴趣，是婴幼儿期沟通与社交发展的核心要素之一，对言语、模仿、执行功能、社会互动能力、心理理论能力、游戏能力及依恋等有着重要影响（Meins et al.，2011；Charman et al.，2000），在早期发展中有着里程碑式的作用（林志成，2007）。Moore 和 Dunham（1995）将共同注意分为反应性共同注意（responding to joint attention，RJA）和自发性共同注意（initiating joint attention，IJA）。其中，反应性共同注意是指儿童对他人发起的眼睛注视或手指指示做出回应，以分享对事或物的兴趣，包括眼睛注视、注视跟随和手指指示跟随等行为；自发性共同注意是指儿童主动引发他人对其感兴趣的物体的注意，包括眼睛注视、注视交替、手指指示和主动展示等行为。之前的研究已经表明 ASD 个体的共同注意存在缺陷（Mundy et al.，1994）。

Tomasello（1995）指出婴幼儿的共同注意和心理理论的发展密切相关。有研究考察了婴儿的共同注意、游戏、模仿等能力对随后心理理论发展的影响，评估了 20 名婴儿 13 个月时的共同注意等能力和 44 个月时的心理理论能力，结果发现，婴儿在成人和活动着的玩具之间的注意转换能力与心理理论的发展密切相关（Charman et al.，2000）。来自 fMRI 的证据表明，心理理论与共同注意涉及共同的脑区，ASD 儿童这部分脑区的神经发育可能存在缺陷（von dem Hagen et al.，2014）。而心理理论与情景预见也激活了相似的脑区，存在密切的联系（Buckner, Carroll, 2007），在 ASD 儿童身上均出现缺损（Lind et al., 2014a）。因此，我们认为，对共同注意的干预可能是提高 ASD 儿童高级认知能力的一把钥匙。

以往对 ASD 儿童共同注意的干预，一般是训练师在高度结构化的环境中进行的，虽然有一定的效果，但维持和泛化效果一般。Whalen 和 Schreibman（2003）采用回合式教法和关键反应训练相结合的方法对 5 名 4～4.5 岁的 ASD 儿童的共同注意实施干预。经过短期干预之后，被试的共同注意能力明显提高，在干预结束 3 个月后重新测量时，却发现干预的维持效果不太理想。研究者猜测，可能是因为这种结构化的训练效果很难泛化到日常生活中。他们还指出，通过培训家长此类干预方法可能会弥补这一缺陷，促进 ASD 儿童共同注意干预效果较好地泛化到生活中。

Green 等（2010）的研究证明了父母介入这一干预模式的重要作用。该研究以 152 名（实验组 77 名，对照组 75 名）2 岁到 4 岁 11 个月大的孤独症儿童作为研究对象，对实验组采用父母介入的沟通导向干预训练（parent-mediated communication-focused treatment，PACT），对照组采用常规的治疗师干预为主的干预训练。13 个月之后，结果显示，在社交沟通能力（如孩子主动发起的互动、共同注意等方面）实验组较对照组有显著提高。研究肯定了 PACT 这种亲子间沟通导向的模式可以有效地促进孩子社交能力的发展（Green et al., 2010）。Kasari

等（2010）采用短期的父母介入的干预，发现干预组幼儿与父母互动中共同注意所占的比例明显增大，并且干预效果可以维持到一年后的追踪阶段（Kasari et al.，2010）。还有研究表明，父母参与 ASD 儿童共同注意的干预，更容易使干预效果泛化到生活中（Burrell，Borrego，2012）。也就是说，与常规的干预方法相比，父母介入实施的干预方法对 ASD 儿童共同注意能力的提高有其独特的优势。

除此之外，父母介入干预的优点还体现在：不仅可以节省家庭对 ASD 儿童康复训练的支出，缓解经济压力，而且在与孩子训练的过程中，随着孩子的进步，父母的自我效能感有所提高，自身压力也得到了缓解和释放。

因此，本节采用跨被试多基线设计，通过指导家长对 ASD 儿童的共同注意进行干预，考察父母介入这一干预模式对 ASD 儿童共同注意能力的干预效果。整个研究分为准备阶段、实验阶段和分析阶段。首先，根据研究目的确定研究对象、选择实验材料并根据被试的情况制订干预方案。实验阶段分为基线期、干预期和保持期，甲、乙、丙 3 名被试的基线期依次是 2 周、3 周、4 周，每名被试基线期结束后，立即进入干预期。干预期分为 10 周、2 个阶段（反应性共同注意干预阶段和自发性共同注意干预阶段）进行，随后的 2 周为保持期。在整个实验过程中，每周都对被试的共同注意进行测评，并结合观察和访谈来评估干预效果，最后对采集到的数据资料进行编码和分析。

一、家长介入的干预研究

（一）研究对象

在大连市某孤独症康复机构选取 4 名 ASD 儿童及其家长作为本节的研究对象。研究对象符合以下条件：①经正规医院诊断为孤独症（家长提供医院的诊断证明），且症状程度为中度；②年龄为 4～5 岁，均为男孩，之前从未接受过共同注意的干预训练；③瑞文智力测验得分显示为中度发育迟缓；④父母的自我效能较高，并且有较高的参与意愿。实验中途 1 名被试因转学而退出实验，因此，最终有 3 名 ASD 儿童完整参与本节的研究。

（二）研究工具和材料

1. 瑞文联合型推理测验

本节使用的瑞文联合型推理测验同本章第一节。

2. 共同注意任务

早期社会交流量表（Early Social-Communication Scales，ESCS）是 Mundy 等（2003）修订的，用于测量共同注意行为。ESCS 是一个包含三个任务（共同注意任务、要求行为任务、社会互动任务）的半结构化测验。由于研究需要，我们只选择了其中的共同注意任务。共同注意任务分为玩具任务（以下简称任务一）、挂图指点任务（以下简称任务二）、图画书任务（以下简称任务三）。

因为要多次测量，为了排除被试因实验材料而造成的测量误差，所以每种实验材料都准备了多种，具体如下：多个发条玩具和手动玩具（发条玩具包括章鱼、小汽车、小青蛙、爬行娃娃；手动玩具包括机器猫、小型推土机、哆啦A梦等），两本儿童图画书（书的具体内容为图画）、六张挂图、录像设备、一间安静房间、一张桌子和若干把椅子。房间的布置如图 4-2 所示。

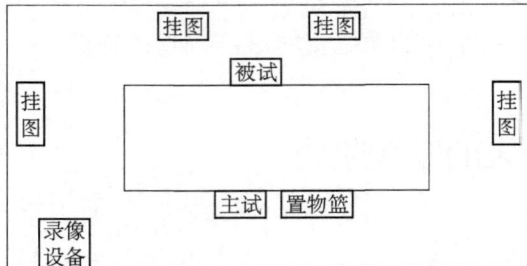

图 4-2　房间布置图

（三）研究程序

1. 干预方案制订

对被试有了全面的了解以后，在特教教师指导下，参考关键反应训练（Koegel R，Koegel L，2015）和文化与生活游戏介入（Schopler，2003）等孤独症干预方法制订本节的干预方案，样例如表 4-21 所示。

表 4-21　干预方案举例

项目	具体内容
方案名称	日常生活介入
培养目标	训练孩子的共同注意
活动设计	通过在吃饭、洗澡、睡觉、逛超市等日常生活活动（这些活动通常是 ASD 儿童所理解的）中，在儿童感兴趣的活动正在进行时，突然中断让儿童感觉到这种异常，训练儿童可以通过眼神注视、动作等向家长发出求助，让活动能持续进行。此时家长要等待儿童做出反应，等待 10 秒钟左右时，如果儿童没有反应，才可以用出声提醒儿童，注意在这个过程中要从儿童感兴趣的活动开始介入训练

2. 干预实施

干预持续 16 周。研究采用单一被试研究法（single subject experiment）的跨被试多基线设计（杜正治，2006）。通过指导家长对 3 名 ASD 儿童的共同注意进行干预。单一被试实验法是一种适用于只有少量被试的实验研究，通过重复测量的方式收集实验数据，以此分析研究干预是否有效（韦小满等，2014）。由于特殊儿童的个体差异大，团体干预很难保证干预效果，所以很多共同注意的干预研究都采用了这种设计方法（刘昊，刘立辉，2010；Schertz，Odom，2007；Whalen，Schreibman，2003）。本节考虑到要排除历史和成熟等自然因素的影响，对 3 名被试设置了长短不同的基线期。如果被试甲的共同注意在介入干预之后发生变化，而被试乙的共同注意在基线期保持稳定，只有在介入干预后才发生变化，就说明是干预的介入导致被试的共同注意发生了变化，而非受到其他因素的影响。本节的具体实验设计如图 4-3 所示。

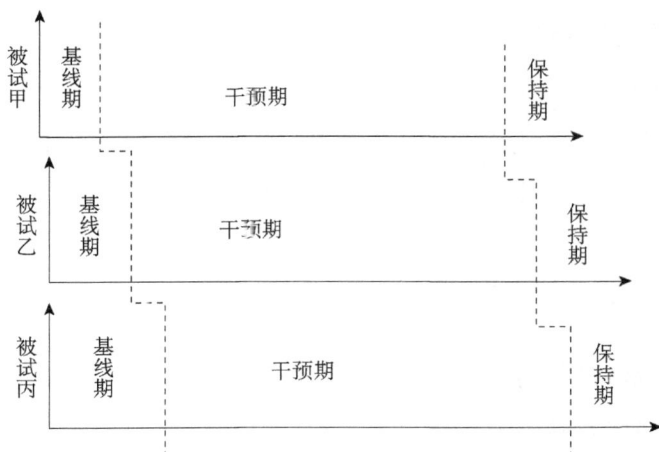

图 4-3　实验设计图

（1）基线期

被试甲、乙、丙的基线期分别为 2 周、3 周、4 周。在此阶段前，研究者已经跟 3 名被试接触过半年，对他们的基本情况有了一定了解。在基线期，研究者会在被试所处的班级课堂教学中观察被试的课堂表现，更全面地评估被试的共同注意能力。基线期共同注意的测量为每周 1 次，每次 20～25 分钟。

（2）干预期

参考以往的共同注意干预研究（Whalen，Schreibman，2003），考虑到 ASD 儿童自发性共同注意和反应性共同注意的缺陷差异，我们将整个干预期分为 2 个阶段进行。第一阶段为反应性共同注意训练阶段，为期 4 周，重点对被试的反应性共同注意进行干预；第二阶段为自发性共同注意训练阶段，为期 6 周，重点干预被试的自发性共同注意。

首先，研究者向家长发放干预方案，让家长大致了解干预如何实施；然后，通过现场观察亲子互动，指导家长实施。对家长的指导为每周 2～3 次，每次不少于 30 分钟。要求家长每天对孩子的训练时间累积不少于 1 小时，并且每周向研究者发 3 段与孩子互动训练的视频，每段视频不少于 10 分钟。除此之外，为了保证家长能够很好地实施干预训练，研究者也会不定期地通过电话、微信等方式进行回访和提醒。

在干预期，共同注意任务的数据采集与基线期相同，只是在每次采集完数据之后，研究者会将 ASD 儿童的表现告知家长，并根据家长的反馈意见，提出接下来的干预计划，并当场给家长做示范。

（3）追踪期

干预结束后的 2 周为追踪期，在这期间不再向家长提供任何的干预指导和监督，只采集共同注意数据，每周 1 次，每次 20～25 分钟。

（四）资料收集和编码

每次的共同注意任务施测过程都会进行录像，之后将录像文件输入电脑，使用视频软件播放实验录像，参照 Mundy 等（2003）的共同注意任务中的编码方式对视频资料进行编码。

1. 反应性共同注意的编码

反应性共同注意的编码指标包括近距离指示追随（任务二中）与远距离指示追随（任务三中）两类。观看所有视频，根据反应性共同注意行为编码表对反应性共同注意行为进行编码，在编码记录表中进行记录，反应正确计 1 分，错误计 0 分。最终统计被试在任务二和任务三中对研究者发起的共同注意正确回应的百分比：（儿童的正确响应次数/研究者发起共同注意的总次数）×100%。

2. 自发性共同注意编码

自发性共同注意的编码包括在测试任务中的眼神接触、视线转换、指示和展示的次数。其中，眼神接触和视线转换属于低水平自发性共同注意（L-IJA），指示和展示属于高水平自发性共同注意（H-IJA）。眼神接触和视线转换、展示的编码是在任务一中出现上述行为的次数，指示是在这三个任务中出现指示行为的次数。所有行为出现一次便记录一次。最后，统计低水平自发性共同注意和高水平自发性共同注意的得分。

3. 评分者一致性信度

由两名经过专业训练并且不知道本节研究目的的心理学研究生进行独立编码，共同注意所有指标的编码一致性都在 0.85 以上。

（五）数据处理

我们将被试在基线期、处理期及保持期的测量指标得分的数据在 Excel 里以点绘出，并以折线图方式呈现各阶段变化。对量化资料进行视觉分析和 C 统计分析，并辅之以课堂观察，对质性资料进行社会效度分析。

1. 视觉分析

视觉分析又称目视分析法，可用于连续性数字资料的分析，被广泛应用于个案干预研究中（杜正治，2006；Barnette，Wallis，2005）。它分为阶段内视觉分析和阶段间视觉分析。阶段内视觉分析是指分析某一特定处理阶段（如干预期）资料点的数据。阶段间视觉分析一般是指相邻两个阶段（如干预期与基线期）资料点数据的关系。这需要将收集到的资料点数据绘制成折线图，并以表格形式全面呈现阶段内和阶段间资料点数据的变化，最后通过 C 统计分析不同阶段间的资料点数据差异是否显著。

阶段内变化分析表中包括阶段顺序（基线期为 A，干预期为 B，保持期为 C）、阶段长度（阶段内资料点的个数）、趋势走向（"＋"表示进步，"＝"表示稳定，"－"表示退步）、趋向稳定性（阶段内沿着趋向线有多少资料点落在预定的范围内，80%以上视为稳定）、平均水准（阶段内资料点数据的平均数）、水准范围（阶段内资料点数据从最小值到最大值的范围）和水准稳定性（阶段内资料点数据在平均值上下浮动的情况）。

阶段间变化分析表中包括阶段对比（如基线期与干预期比较记为 B/A，保持期与干预期比较记为 C/B）、趋向变化与效果（相邻两阶段间走势的变化，趋势变化效果可分为正向、无变化和负向）、水准变化（前一个阶段最后一个数值和后一个阶段第一个数值的差值，正数表示被试在阶段间进步了，负数则表示退步了）和重叠百分比（后一个阶段的资料点落入前一个阶段范围内的百分比）。

2. C 统计

C 统计主要是通过比较两个相邻阶段的资料点数据差异是否达到显著水平来评估干预效果（Tryon，1984）。当 C 值接近 0 时，表示该列时间序列数据接近平均数，资料点数据变化很小；当 C 值接近 1 时，表示该时间序列数据总体上升；当 C 值远离 1 时，表示该时间序列数据总体下降。通过公式计算所得的 Z 值可用来判定资料点数据的稳定性。进行阶段内分析时，若 Z 值达到显著水平，说明资料点数据变化较大，不稳定；反之，则说明资料点数据变化不大，较稳定。进行阶段间分析时，若 Z 值达到显著水平，表示阶段间资料点数据存在显著差异，即干预效果显著；若 Z 值未到达显著水平，表示干预效果不明显。C 统计的计算公式（Tryon，1982）如下：

$$C = 1 - \frac{\sum_{i=1}^{N-1}(X_i - X_{i+1})^2}{2\sum_{i=1}^{N}(X_i - X)^2} \qquad S_c = \sqrt{\frac{N+2}{(N-1)(N+1)}} \qquad Z = \frac{C}{S_c}$$

Z 的临界值对应表（Young，1941）如表 4-22 所示。

表 4-22　C 统计中样本量（N）及对应的显著性临界值（Z）

N	p	Z	N	p	Z	N	p	Z
8	0.01	2.1664	15	0.01	2.2369	22	0.01	2.2647
9	0.01	2.1826	16	0.01	2.2423	23	0.01	2.2676
10	0.01	2.1958	17	0.01	2.2470	24	0.01	2.2700
11	0.01	2.2068	18	0.01	2.2513	25	0.01	2.2717
12	0.01	2.2161	19	0.01	2.2550	∞	0.01	2.3262
13	0.01	2.2241	20	0.01	2.2585			
14	0.01	2.2310	21	0.01	2.2616			

注：$p < 0.05$ 时，以上的 Z 值均大于 1.64。

3. 观察资料的分析

除了用视觉分析及 C 统计分析方法对被试在每一个阶段的共同注意表现进行量化分析外，我们还会对被试的课堂表现，如教师点名字时的反应情况、抬头看教师的次数等进行观察和跟踪记录，以便更全面地了解被试在现实生活和学习中共同注意的可能变化，提供更具生态效度的评估指标。

4. 社会效度分析

社会效度是通过收集和分析干预前、干预中、干预后的调查或访谈资料，来评估整个干预过程是否具有一定程度的重要性和接受度（Carter，2010）。本节为了全面客观地了解被试干预前后的变化情况，通过对被试的家长和教师进行访谈，收集并整理访谈资料，来全面考察被试的共同注意变化情况。

二、家长介入的干预效果分析

（一）测试结果的干预前后对比分析

根据甲、乙、丙 3 名被试在基线期（A）、干预期（B）和保持期（C）共同注意的量化资料结果，绘制成折线图和视觉分析表，并运用 C 统计进行分析，同时对观察资料进行了整理分析，最后对质性资料做了社会效度分析。

1. 被试甲干预的结果分析

（1）共同注意的量化资料分析

将被试甲在基线期（A）、干预期（B）和保持期（C）的反应性共同注意的正确率和自发性共同注意数据结果绘制成折线图和视觉分析表，并运用 C 统计来分析结果。

1）反应性共同注意的效果分析。

第一，被试甲反应性共同注意准确率的阶段内分析。如图 4-4 和表 4-23 所示，被试甲的反应性共同注意准确率在基线期呈现稳定状态，可以开始干预训练。在干预期，反应性共同注意的准确性呈现稳定上升的趋势，该阶段第一个资料点数据为 50%，最后一个资料点数据为 80%，水准变化为+30%。并且干预期的水准稳定性为 60%，表明被试甲的反应性共同注意准确率在该阶段未达到稳定状态，C 统计的结果存在显著差异（$Z=2.47$，$p<0.01$），说明该阶段的资料点数据呈现不稳定的上升趋势，即随着干预的进行，被试甲的反应性共同注意准确率有所提升。进入保持期后，数据点的平均水准为 80%，并且呈现平稳的趋势走向，说明被试甲的反应性共同注意准确率在该阶段达到稳定状态。

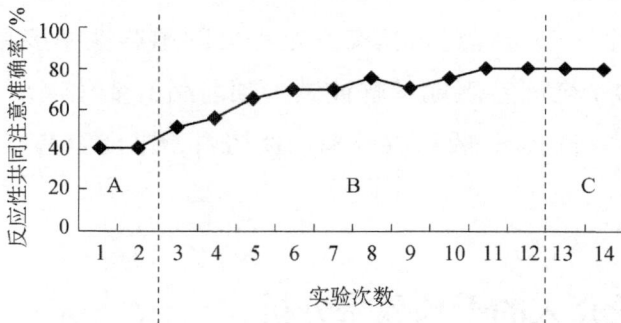

图 4-4　被试甲反应性共同注意的准确率变化图

表 4-23　被试甲的反应性共同注意准确率阶段内变化分析摘要表

变量	A	B	C
阶段长度	2	10	2
趋势走向	=	+	=
趋势稳定	稳定	稳定	稳定
平均水准/%	40	69	80

续表

变量	A	B	C
水准范围/%	40～40	50～80	80～80
水准变化/%	40～40	50～80	80～80
水准稳定	稳定	多变	稳定
C 值	—	0.86	—
Z 值	—	2.47**	—

注：**$p<0.01$。

第二，被试甲的反应性共同注意准确率阶段间分析。如表 4-24 所示，从干预期和基线期的趋向变化来看，被试甲的反应性共同注意反应准确率随着干预的进行呈现上升的趋势。平均水准从基线期的 40%上升到干预期的 69%，反应性共同注意的准确反应率增加了 29%，水准变化从基线期的最后一个资料点40%到干预期的第一个资料点 50%，并且阶段间的重叠百分比为 0%，C 统计的结果存在显著差异（$Z=2.95$，$p<0.01$），因此，可以认为被试甲的反应性共同注意准确率在干预期比基线期有了显著进步。对保持期和干预期的比较发现，被试甲的反应性共同注意反应准确率并没有随着干预的撤出而下降，平均水准从干预期的 69%上升到保持期的 80%，阶段间的重叠百分比为 100%，并且 C 统计结果存在显著差异（$Z=2.83$，$p<0.01$），这说明被试甲反应性共同注意准确率的干预效果在保持期仍然存在而且有进一步的提高。

表 4-24 被试甲反应性共同注意准确率阶段间变化分析摘要表

变量	B/A	C/B
趋向变化	＝＋	＋＝
效果	正向	负向
水准变化/%	40～50	80～80
重叠百分比/%	0	100
C 值	0.92	0.89
Z 值	2.95**	2.83**

注：**$p<0.01$。

2）自发性共同注意的效果分析。

第一，在对被试甲自发性共同注意的阶段内分析中，我们将分别对眼神接触、视线转换、指示和展示四个指标逐一展开分析（图 4-5，表 4-25）。

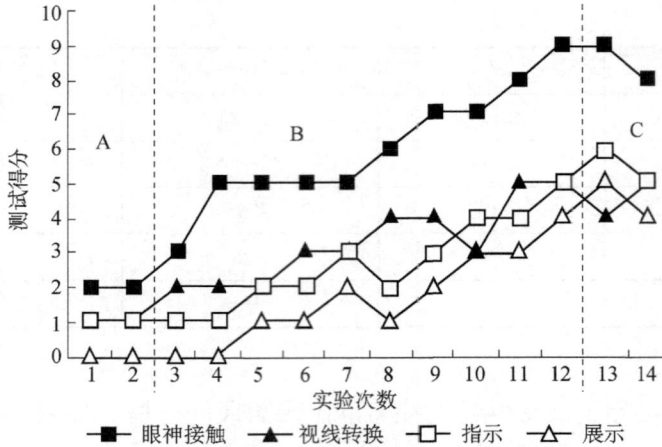

图 4-5 被试甲的自发性共同注意各指标的变化图

表 4-25 被试甲自发性共同注意各指标的阶段内变化分析摘要表

变量	眼神接触			视线转换			指示			展示		
	A	B	C	A	B	C	A	B	C	A	B	C
阶段长度	2	10	2	2	10	2	2	10	2	2	10	2
趋势走向	=	+	−	=	+	−	=	+	−	=	+	−
趋势稳定	稳定	稳定	多变	稳定	多变	多变	稳定	稳定	稳定	稳定	稳定	多变
平均水准	2	6	8.5	1	3.3	4.5	1	2.7	5.5	0	1.7	4.5
水准范围	2~2	3~9	8~9	1~1	2~5	4~5	1~1	1~5	5~6	0~0	0~4	4~5
水准变化	2~2	3~9	9~8	1~1	2~5	5~4	1~1	1~5	6~5	0~0	0~4	5~4
水准稳定	稳定	多变	多变	稳定	多变	多变	稳定	多变	稳定	稳定	多变	多变
C 值	—	0.86	—	—	0.72	—	—	0.81	—	—	0.81	—
Z 值	—	2.46**	—	—	2.04*	—	—	2.34**	—	—	2.34**	—

注：*$p<0.05$，**$p<0.01$。

在眼神接触这一指标上，如表 4-25 所示，被试甲在基线期的趋势走向是平稳的，趋势稳定性和水准稳定性均为 100%，平均水准为 2，说明被试甲的眼神接触在基线期较少，且呈现稳定状态，接下来可以开始干预训练。从图 4-5 中可以看出，被试甲的眼神接触在干预期呈现上升的趋势，干预期的平均水准为 6，比基线期增长了 4。水准变化从 3 变为 9，并且干预期的资料点数据在平均水准上下波动较大，C 统计的结果存在显著差异（$Z=2.46$，$p<0.01$），这都表明被试甲的眼神接触在干预期呈现不稳定的上升趋势，也就说明对被试甲的干预有效。进入保持期后，数据显示，眼神接触的得分在第二个资料点稍有下降，但资料点的平均水准为 8.5，仍然比干预期的平均水准高 2.5，这说明甲的眼神接触在保持期虽有下降，但仍保留了干预效果。

在视线转换这一指标上，如表 4-25 所示，被试甲在基线期的趋势走向仍然是平稳的，趋势稳定性和水准稳定性均为 100%，平均水准为 1，说明被试甲的视线转换在基线期较少，且呈现稳定状态，可以开始干预训练。从图 4-5 中可以看出，被试甲的视线转换在干预期呈现上升的趋势，干预期的平均水准为 3.3，比基线期增长了 2.3。得分从开始的 2 变为 5，并且干预期的资料点数据在平均水准上下波动很大，C 统计检验差异显著（$Z=2.04$，$p<0.05$），这都表明对被试甲的视线转换干预有效。进入保持期后，数据显示，视线转换的得分在第一个资料点稍有下降，在第二个资料点又有回升，资料点的平均水准为 4.5，比干预期的平均水准高 1.2，这说明被试甲的视线转换在保持期仍保留了干预效果。

在指示这一指标上，如表 4-25 所示，被试甲的指示得分在基线期的趋势走向是平稳的，趋势稳定性和水准稳定性均为 100%，平均水准为 1，说明被试甲的指示行为在基线期较少，且呈现稳定状态。从图 4-5 中可以看出，被试甲的指示行为在干预期呈现上升的趋势，干预期的平均水准为 2.7，较基线期有一定增长，C 统计的结果存在显著差异（$Z=2.34$，$p<0.01$），并且干预期的资料点数据在平均水准上下波动很大，这表明被试甲的指示行为在干预期呈现不稳定的上升趋势，也就是说，干预是有效的。进入保持期后，数据显示，指示第二个资料点的得分有所下降，但数据点的平均水准为 5.5，比干预期的平均水准高了 1 倍多，这说明被试甲的指示行为在保持期很好地保留了干预效果。

在展示这一指标上，如表 4-25 所示，被试甲的展示得分在基线期的趋势走向是平稳的，趋势稳定性和水准稳定性均为 100%，平均水准为 0，说明被试甲在基线期没有出现展示行为，呈现稳定状态，接下来实施干预训练。从图 4-5 中可以看出，被试甲的展示行为在干预刚开始的前两周并没有提升，直至干预进行到第三周时才出现，但随后又有波动，到干预进行到第六周时才出现持续上升的趋势。干预期展示行为的平均水准为 1.7，较基线期有一定增长，C

统计显示差异显著（$Z=2.34$，$p<0.01$），表明被试甲的展示行为在干预期呈现上升趋势。进入保持期后，数据显示，展示行为在第二个资料点有所下降，但数据点的平均水准为 4.5，比干预期的平均水准提高了很多，这说明被试甲的展示行为在保持期很好地保留了干预效果。

第二，在对被试甲自发性共同注意的阶段间分析中，从干预期和基线期的趋向变化来看，被试甲的自发性共同注意的四个指标都随着干预的进行呈现上升的趋势（表 4-26）。

表 4-26　被试甲自发性共同注意阶段间变化分析摘要表

变量	眼神接触		视线转换		指示		展示	
	B/A	C/B	B/A	C/B	B/A	C/B	B/A	C/B
趋向变化	＝＋	＋－	＝＋	＋－	＝＋	＋－	＝＋	＋－
效果	正向	负向	正向	负向	正向	负向	正向	负向
水准变化	2～3	9～9	1～2	5～4	1～1	5～6	0～0	4～5
重叠百分比/%	0	100	0	100	20	50	20	50
C 值	0.92	0.88	0.81	0.70	0.86	0.87	0.86	0.87
Z 值	2.93**	2.83**	2.58**	2.24**	2.74**	2.76**	2.74**	2.76**

注：**$p<0.01$。

首先，眼神接触的平均水准从基线期的 2 上升到干预期的 6，水准变化从基线期的最后一个资料点 2 到干预期的第一个资料点 3，阶段间的重叠百分比为 0%，并且 C 统计显示差异显著（$Z=2.93$，$p<0.01$）。因此，我们可以认为，被试甲的眼神接触在干预期比基线期有了明显进步。保持期和干预期的比较发现，被试甲的眼神接触得分没有随着干预的撤出而下降，而是与干预期持平，阶段间的重叠百分比为 100%，C 统计结果显示差异显著（$Z=2.83$，$p<0.01$），这说明被试甲眼神接触的干预效果保持得很好。

其次，我们对视线转换进行了阶段间的分析，结果表明，被试甲的视线转换干预期比基线期有了显著提高（$Z=2.58$，$p<0.01$）。保持期与干预期的比较结果显示，阶段间的重叠百分比为 100%，C 统计结果显示差异显著（$Z=2.24$，$p<0.01$），上述结果都表明对被试甲的视线转换干预效果明显，并且干预效果能较好地保持。

再次，指示行为的阶段间分析如表 4-26 所示。由基线期进入干预期，被试甲的指示行为呈现正向效果变化，两阶段重叠的百分比为 20%，表明干预并不是一开始就起作用，但 C 统计结果显示差异显著（ $Z=2.74, p<0.01$ ）。进入保持期后，趋势路径出现下降趋势，两阶段重叠的百分比为 50%，但保持期仍然比干预期有进步，并且 C 统计结果显示差异显著（ $Z=2.76$, $p<0.01$ ）。上述结果都表明，对被试甲的指示行为干预效果明显，并且能够较好地保持。

最后，展示行为的阶段间分析如表 4-26 所示。从基线期进入干预期，被试甲的展示行为呈现正向效果变化，两阶段重叠的百分比为 20%，表明随着干预持续进行，被试甲的展示行为开始出现， C 统计结果显示差异显著（ $Z=2.74$, $p<0.01$ ）。从干预期进入保持期，趋势路径出现下降趋势，两阶段重叠的百分比为 50%， C 统计结果显示差异显著（ $Z=2.76$, $p<0.01$ ）。上述结果都表明对被试甲展示行为的干预效果明显，并且能够较好地保持。

综上所述，对被试甲的自发性共同注意干预效果较好，同时干预效果得到了较好的保持，但指示和展示这两个高水平自发性共同注意指标在干预达到一定量时才出现效果。

（2）观察资料分析

我们对被试甲干预的前期、中期和干预结束之后的课堂表现进行了观察。在干预前，被试甲在课堂上很少能对教师点名字这一行为做出回应，常常需要旁边陪同的母亲提醒才能站起来回应教师。在常识课上"指点小动物"这一环节中，被试甲也经常出错，平均正确率不到 10%。随着干预的实施，被试甲渐渐地能够对教师发起的点名字给予回应，到了干预中期，在课上教师点名回答问题时，被试甲在 60%的情况下能够给出回应，并且在"指点小动物"活动中正确率达到 50%以上。到了干预后期，被试甲不用家长的提醒就能主动站起来回应教师的反应率达到了 70%~80%。

（3）社会效度分析

我们从被试甲的教师那里了解到，被试甲在干预实施后的课堂表现比以前有了不少进步，有时他甚至会跑到教师跟前，给教师指他看到的、呈现在屏幕上的小动物。被试甲的母亲说："看到孩子能有如此大的进步，我对孩子的康复训练越来越有信心了，以前根本没有意识到自己居然可以通过生活中的一些小事对孩子展开训练……"除此之外，她还希望以后能有个人来监督她对孩子的训练。

2. 被试乙干预的结果分析

（1）共同注意的量化资料分析

将被试乙在基线期（A）、干预期（B）和保持期（C）的反应性共同注意的正确率和自发性共同注意的数据结果绘制成折线图和视觉分析表，并运用 C 统计来进行分析。

1）反应性共同注意的效果分析。

第一，被试乙反应性共同注意正确率的阶段内分析。如图 4-6、表 4-27 所示，被试乙在基线期的趋势走向稳定，趋势稳定性和水准稳定性都较好，说明被试乙的反应性共同注意正确率呈现稳定状态，可以开始干预训练。被试乙的反应性共同注意正确率在干预期呈现上升的趋势，干预期的平均水准为 66%，比基线期的 40% 有了较大增长，C 统计的结果存在显著差异（$Z=2.52$，$p<0.01$），说明该阶段的资料点数据呈现不稳定的上升趋势，即随着干预的进行，被试乙反应性共同注意的正确反应率有了显著的提升。进入保持期后，资料点的平均水准为 70%，呈现平稳的趋势走向，说明被试乙的反应性共同注意干预效果保持得比较好。

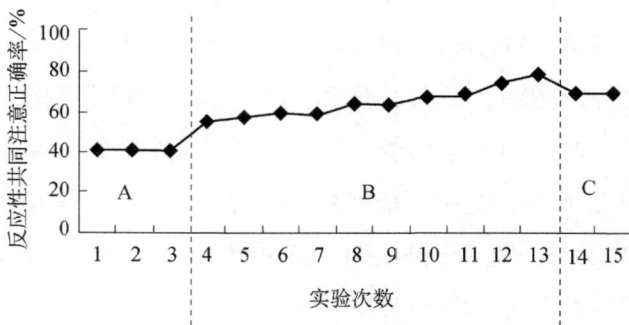

图 4-6　被试乙反应性共同注意正确率的变化图

表 4-27　被试乙反应性共同注意正确率阶段内变化分析摘要表

变量	A	B	C
阶段长度	3	10	2
趋势走向	=	+	=

续表

变量	A	B	C
趋势稳定	稳定	稳定	稳定
平均水准/%	40	66	70
水准范围/%	40～40	55～80	70～70
水准变化/%	40～40	55～80	70～70
水准稳定	稳定	稳定	稳定
C值	—	0.88	—
Z值	—	2.52**	—

注：**$p<0.01$。

第二，被试乙反应性共同注意正确率的阶段间分析。如表 4-28 所示，从趋向变化来看，被试乙从基线期进入干预期反应性共同注意的正确率呈现上升的趋势，平均水准从基线期的 40% 上升到干预期的 66%，反应性共同注意的正确反应率提高了 26%，阶段间的重叠百分比为 0%，C 统计的结果存在显著差异（$Z=3.17$，$p<0.01$），表明被试乙的反应性共同注意的准确性在干预期比基线期有了显著进步。对保持期和干预期的比较发现，被试乙的反应性共同注意正确反应率在保持期内的资料点数据与干预期最后一个资料点数据相比略有下降，但整个保持阶段内数据稳定，阶段间的重叠百分比为 100%，C 统计结果存在显著差异（$Z=2.56$，$p<0.01$），说明被试乙反应性共同注意的干预效果在保持期仍然存在。

表 4-28 被试乙反应性共同注意正确率阶段间变化分析摘要表

阶段比较	B/A	C/B
趋向变化	＝＋	＋＝
效果	正向	负向
水准变化/%	40～55	80～70
重叠百分比/%	0	100
C值	0.95	0.80
Z值	3.17**	2.56**

注：**$p<0.01$。

2）自发性共同注意的效果分析。

第一，对被试乙的自发性共同注意中眼神接触、视线转换、指示和展示四个指标分别进行阶段内分析，结果如图 4-7、表 4-29 所示。

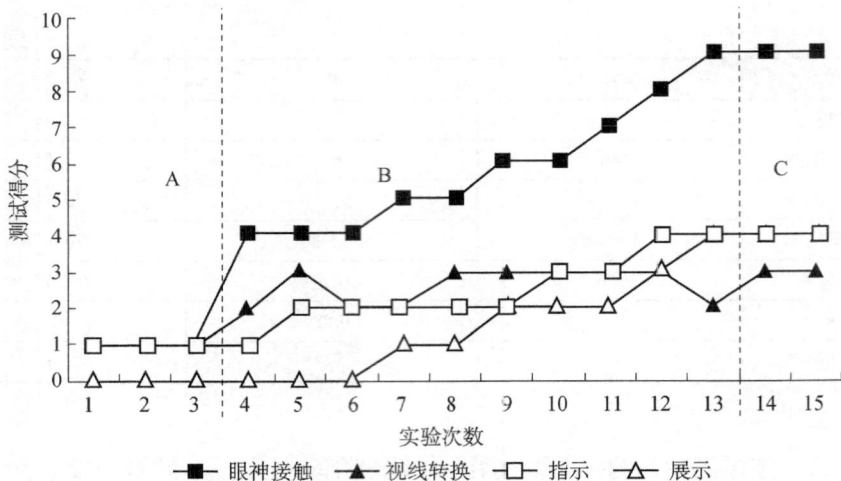

图 4-7 被试乙自发性共同注意各指标的变化图

表 4-29 被试乙自发性共同注意各指标的阶段内变化分析摘要表

变量	眼神接触			视线转换			指示			展示		
	A	B	C	A	B	C	A	B	C	A	B	C
阶段长度	3	10	2	3	10	2	3	10	2	3	10	2
趋势走向	=	+	−	=	+	−	=	+	−	=	+	−
趋势稳定	稳定	多变	稳定	稳定	多变	稳定	稳定	多变	稳定	稳定	多变	稳定
平均水准	1	5.8	9	1	2.8	4	1	2.5	4	0	1.3	3
水准范围	1~1	4~9	9~9	1~1	2~4	4~4	1~1	1~4	4~4	0~0	0~3	3~3
水准变化	1~1	4~9	9~9	1~1	2~4	4~4	1~1	1~4	4~4	0~0	0~2	3~3
水准稳定	稳定	多变	稳定	稳定	多变	稳定	稳定	多变	稳定	稳定	多变	稳定
C 值	—	0.90	—	—	0.44	—	—	0.82	—	—	0.80	—
Z 值	—	2.58**	—	—	1.28	—	—	2.37**	—	—	2.30**	—

注: **$p<0.01$。

在眼神接触这一指标上，被试乙在基线期的趋势走向是平稳的，趋势稳定性和水准稳定性均为 100%，平均水准为 1，说明被试乙的眼神接触在基线期较少，且呈现稳定状态，表明可以进行干预训练。从图 4-7 中可以看出，被试乙的眼神接触在干预期呈现上升的趋势，干预期的平均水准为 5.8，较基线期有较大提高。水准变化从 4 变为 9，且干预期的资料点数据在平均水准上下波动很大，C 统计的结果存在显著差异（$Z=2.58$，$p<0.01$），表明被试乙的眼神接触在干预期呈现不稳定的上升趋势。进入保持期后，数据显示，眼神接触的得分依然稳定地保持着干预期的效果，并且比干预期的平均水准高 3.2，这说明被试乙眼神接触的干预效果在保持期平稳地保留了下来。

在视线转换这一指标上，被试乙在基线期的趋势走向仍然是平稳的，趋势稳定性和水准稳定性均为 100%，平均水准为 1，说明被试乙的视线转换较少，且趋势稳定，可以开始进行干预训练。从图 4-7 中可以看出，被试乙的视线转换在干预期呈上升的趋势，干预期的平均水准为 2.8，比基线期有一定增长，但 C 统计的结果显示差异未达到显著水平（$Z=1.28$，$p>0.05$），表明对被试乙的视线转换干预效果并不明显。进入保持期后，数据显示，视线转换的得分没有下降，且比干预期的平均水准高 1.2，这说明被试乙的视线转换在保持期保留了一定干预效果。

在指示行为这一指标上，被试乙的指示得分在基线期呈现稳定状态，可以实施干预训练。从图 4-7 中可以看出，被试乙的指示行为在干预期呈现上升的趋势，干预期的平均水准为 2.5，较基线期有一定增长，C 统计的结果存在显著差异（$Z=2.37$，$p<0.01$），而且资料点数据在平均水准上下波动很大，这表明被试乙的指示行为在干预期呈现不稳定的上升趋势。进入保持期后，数据显示，指示行为的得分没有下降，且比干预期的平均水准高 1.5，这说明被试乙指示行为的干预效果较好地保留了下来。

在展示行为这一指标上，从表 4-29 中我们可以看出，被试乙的资料点在基线期呈现稳定状态，但在干预刚开始的前期并没有任何提升，直到干预持续到第六周时才出现上升的趋势。干预期展示行为的平均水准为 1.3，较基线期有一定增长，C 统计的结果存在显著差异（$Z=2.30$，$p<0.01$），这表明被试乙的展示行为在干预期呈现上升趋势。进入保持期后，数据显示，展示的得分稳定在 3，比干预期的平均水准提高了 1.7，这说明被试乙的展示行为在保持期较好地保留了干预效果。

第二，对被试乙的自发性共同注意进行阶段间分析。从干预期和基线期的趋向变化来看，被试乙的自发性共同注意的四个指标都随着干预的进行呈现上升的趋势，如表 4-30 所示。

表 4-30　被试乙自发性共同注意各指标的阶段间变化分析摘要表

变量	眼神接触		视线转换		指示		展示	
	B/A	C/B	B/A	C/B	B/A	C/B	B/A	C/B
趋向变化	=+	+=	=+	+=	=+	+=	=+	+=
效果	正向	负向	正向	负向	正向	负向	正向	负向
水准变化	1~4	9~9	1~2	4~4	1~1	4~4	0~0	2~3
重叠百分比/%	0	100	0	100	10	100	30	100
C 值	0.91	0.94	0.77	0.67	0.89	0.88	0.86	0.83
Z 值	3.05**	3.01**	2.59**	2.13*	2.98**	2.80**	2.87**	2.66**

注：*$p<0.05$，**$p<0.01$。

首先，眼神接触的平均水准从基线期的 1 上升到干预期的 5.8，水准变化从基线期的最后一个资料点 1 到干预期第一个资料点 4。如表 4-30 所示，阶段间的重叠百分比为 0，并且 C 统计的结果存在显著差异（$Z=3.05$，$p<0.01$）。这都说明，随着干预的介入，被试乙的眼神接触有了显著提高。对保持期和干预期的比较发现，被试乙的眼神接触得分没有随着干预的撤出而下降，而是与干预期持平，阶段间的重叠百分比为 100%，并且 C 统计结果出现显著差异（$Z=3.01$，$p<0.01$），这说明被试乙眼神接触干预的维持效果比较好。

其次，我们对被试乙的视线转换进行了阶段间分析。从表 4-30 可以看出，被试乙的视线转换在干预期比基线期有所提升，趋势成正向，且 C 统计结果差异显著（$Z=2.59$，$p<0.01$）。对保持期与干预期的比较显示，保持期的资料点数据与干预期持平，阶段间的重叠百分比为 100%，并且 C 统计结果差异显著（$Z=2.13$，$p<0.05$），上述结果表明对被试乙的视线转换干预效果较为明显。

再次，指示行为的阶段间分析如表 4-30 所示。被试乙由基线期进入干预期，指示行为呈现正向效果变化，两阶段重叠的百分比为 10%，C 统计结果出现显著差异（$Z=2.98$，$p<0.01$）。保持期的资料点数据与干预期持平，阶段间的重叠百分比为 100%，并且 C 统计结果出现显著差异（$Z=2.80$，$p<0.01$）。以上结果都表明，对被试乙的指示行为干预效果明显，并且干预效果能够较好地保持下来。

最后，展示行为的阶段间分析结果如表 4-30 所示。被试乙由基线期进入干预期，展示行为呈现正向效果变化，两阶段重叠的百分比为 30%，C 统计结果存在显著差异（$Z=2.87$，$p<0.01$），表明干预持续一段时间才开始起作用。保持期的资料点数据与干预期持平，阶段间的重叠百分比为 100%，且 C 统计结果存在显著差异（$Z=2.66$，$p<0.01$）。上述结果都表明，对被试乙展示行为的干预效果明显，并且干预效果能够较好地保持下来。

综上所述，对被试乙的自发性共同注意干预效果较好，特别是在眼神接触、指示和展示行为上，同时干预效果得到了较好的保持，但指示和展示这两个高水平自发性共同注意指标在干预达到一定量时才出现效果。

（2）观察资料分析

通过观察我们了解到，被试乙在干预介入之前，很少注意人脸，在课堂上即使教师站在他面前，他也不会主动去看教师的眼睛。干预进行到中后期时，不管是在课堂上还是日常生活中，被试乙注意人脸的次数都比以前增加了不少。干预结束的时候，被试乙对自己名字的正确反应率达到 75% 以上。课间活动的时候，他有时会走到同伴面前，跟同伴说"我们一起玩蹦床"。

（3）社会效度分析

被试乙的父母反映，孩子现在的注意力提高了不少，并且开始看人脸了，这一点是以前从来没有出现过的。除此之外，当孩子遇到困难需要求助时，他能够去拉教师或母亲的衣角，告诉他们自己需要帮助。教师也都反映，被试乙现在能对教师的点名给出回应，常识课的教师还经常让他站起来帮自己点名字。被试乙的母亲希望以后能够有更多的相关指导，这样，她就能够为孩子的训练做更多的事，压力也会变小。

3. 被试丙干预的结果分析

（1）共同注意的量化资料分析

将被试丙在基线期（A）、干预期（B）和保持期（C）的反应性共同注意的正确率和自发性共同注意的数据结果绘制成折线图和视觉分析表，并运用 C 统计来分析结果。

1）反应性共同注意的效果分析。

第一，被试丙反应性共同注意正确率的阶段内分析。如图 4-8、表 4-31 所示，被试丙在基线期的趋势走向平稳，趋势稳定性和水平稳定性都较高，说明被试丙的反应性共同注意正确率呈稳定状态，可以开始干预训练。被试丙在干预期呈现上升的趋势，干预期的平均水准为 62.5%，比基线期的 36.25% 有了较大增长。干预期的资料点数据围绕平均水准波动较大，但 C 统计的结果未达到显著（$Z=0.81$，$p>0.05$），说明该阶段的资料点虽呈现出不稳定的上升趋势，但干预效果未到达显著水平。进入保持期后，资料点的平均水准为 65%，比干预期稍有提高，并且呈现平稳上升的趋势走向，这说明被试丙的反应性共同注意正确率在保持期仍有进步的空间。

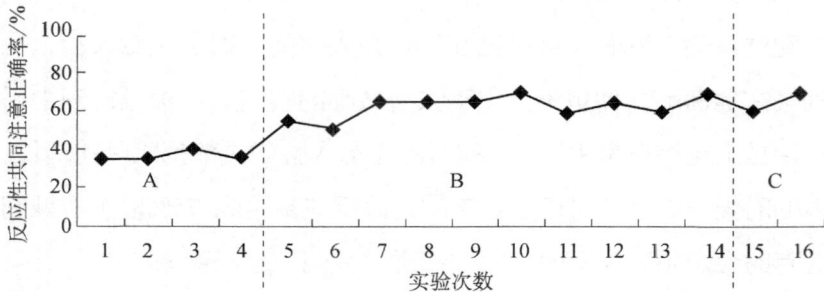

图 4-8　被试丙反应性共同注意正确率的变化图

表 4-31　被试丙反应性共同注意正确率阶段内变化分析摘要表

变量	A	B	C
阶段长度	4	10	2
趋势走向	=	+	+
趋势稳定	稳定	稳定	稳定
平均水准/%	36.25	62.5	65
水准范围/%	35～40	50～70	60～70
水准变化/%	35～35	55～70	60～70
水准稳定	稳定	多变	稳定
C 值	—	0.28	—
Z 值	—	0.81	—

第二，被试丙反应性共同注意正确率的阶段间分析。如表 4-32 所示，从趋向变化来看，被试丙反应性共同注意正确率从基线期到干预期呈现上升的趋势，平均水准从基线期的 36.25% 上升到干预期的 62.5%，反应性共同注意的正

确反应率增加了近 1 倍，并且阶段间的重叠百分比为 0%，C 统计的结果存在显著差异（$Z=2.77$，$p<0.01$），表明被试丙的反应性共同注意在干预期比基线期有了明显进步。保持期和干预期的比较发现，被试丙的反应性共同注意正确反应率在保持期仍有提升，但 C 统计结果未出现显著差异（$Z=0.46$，$p>0.05$），阶段间的重叠百分比为 100%，这说明被试丙反应性共同注意正确反应率在保持期仍在提高。

表 4-32　被试丙反应性共同注意正确率阶段间变化分析摘要表

变量	B/A	C/B
趋向变化	＝＋	＋＋
效果	正向	正向
水准变化/%	35～55	70～60
重叠百分比/%	0	100
C 值	0.79	0.14
Z 值	2.77**	0.46

注：**$p<0.01$。

综合上述结果，我们发现被试丙的反应性共同注意干预效果较为明显，并且在保持期仍在提升。

2）自发性共同注意的效果分析。

第一，对被试丙自发性共同注意中眼神接触、视线转换、指示和展示四个指标分别进行阶段内分析，结果如图 4-9、表 4-33 所示。

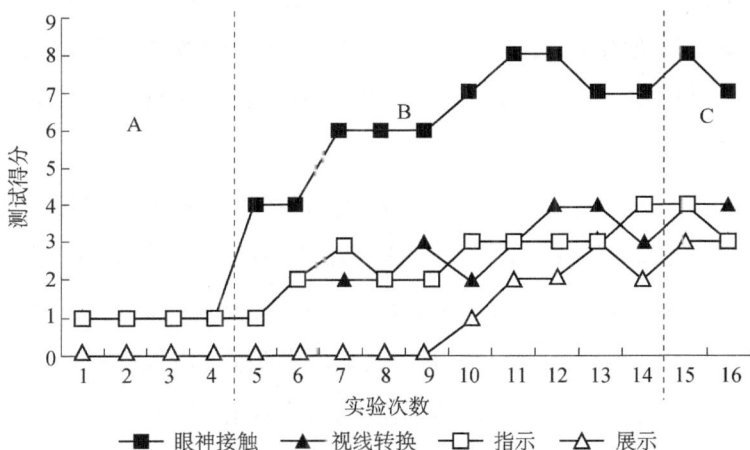

图 4-9　被试丙自发性共同注意各指标的变化图

表 4-33　被试丙自发性共同注意各指标的阶段内变化分析摘要表

变量	眼神接触			视线转换			指　示			展　示		
	A	B	C	A	B	C	A	B	C	A	B	C
阶段长度	4	10	2	4	10	2	4	10	2	4	10	2
趋势走向	=	+	—	=	+	—	=	+	—	=	+	—
趋势稳定	稳定	多变	稳定	稳定	多变	稳定	稳定	稳定	稳定	稳定	多变	稳定
平均水准	1	6.3	7.5	1	2.6	4	1	2.6	4	0	1	3
水准范围	1~1	4~8	7~8	1~1	1~4	4~4	1~1	1~4	3~4	0~0	0~3	3~3
水准变化	1~1	4~7	8~7	1~1	1~3	4~4	1~1	1~4	4~3	0~0	0~2	3~3
水准稳定	稳定	多变	稳定	稳定	多变	稳定	稳定	多变	多变	稳定	多变	稳定
C 值	—	0.81	—	—	0.70	—	—	0.61	—	—	0.83	—
Z 值	—	2.32**	—	—	2.02*	—	—	1.75*	—	—	2.39**	—

注：*$p<0.05$，**$p<0.01$。

在眼神接触这一指标上，被试丙的眼神接触在基线期呈现稳定状态，表明可以开始干预训练。从图 4-9 中可以看出，被试丙的眼神接触在干预期呈现上升的趋势，干预期的平均水准为 6.3，较基线期增长了 5.3；干预期的资料点数据在平均水准上下波动很大，C 统计的结果存在显著差异（$Z=2.32$，$p<0.01$），这都表明被试丙的眼神接触在干预期呈现不稳定的上升趋势。进入保持期后，数据显示，眼神接触的得分依然稳定地保持着干预期效果，并且比干预期的平均水准高。这说明被试丙的眼神接触干预效果较好，并且干预效果在保持期平稳地保留了下来。

在视线转换这一指标上，被试丙在基线期的视线转换得分稳定，可以开始干预训练。从图 4-9 中可以看出，被试丙的视线转换在干预期呈现上升的趋势，干预期的平均水准为 2.6，比基线期稍有增长，C 统计的结果达到显著（$Z=2.02$，$p<0.05$），表明对被试丙的视线转换提升效果较为明显。进入保持期后，数据显示，视线转换表现出下降趋势，但仍比干预期的平均水准高，这说明被试丙的视线转换干预保持效果较好。

在指示这一指标上，被试丙的指示得分在基线期呈现稳定状态，在干预期呈现上升的趋势，干预期的平均水准为 2.6，较基线期稍有增长，C 统计的结果存在显著差异（$Z=1.75$，$p<0.05$），这表明被试丙的指示行为在干预期呈现不稳定的上升趋势。进入保持期后，数据显示，指示行为有所减少，但比干预期的平均水准高 1.4，这说明被试丙的指示行为的干预效果较好地保留了下来。

在展示这一指标上，被试丙的展示行为得分在基线期同样呈现出稳定状态，然而，在干预直到第 9 周时才出现上升的趋势。干预期展示的平均水准为 1，较基线期稍有增长，C 统计的结果存在显著差异（$Z=2.39$，$p<0.01$），这表明被试丙的展示行为在干预期呈现上升趋势。进入保持期后，数据显示，展示行为的得分稳定在 3，比干预期的平均水准提高了 2，这说明被试丙的展示行为在保持期较好地保留了干预效果。

第二，从图 4-9 和表 4-34 可以看出，被试丙自发性共同注意的四个指标都随着干预的进行而有所提高。

表 4-34　被试丙自发性共同注意各指标的阶段间变化分析摘要表

变量	眼神接触		视线转换		指示		展示	
	B/A	C/B	B/A	C/B	B/A	C/B	B/A	C/B
趋向变化	＝＋	＋＝	＝＋	＋＝	＝＋	＋＝	＝＋	＋＝
效果	正向	负向	正向	负向	正向	负向	正向	负向
水准变化	1～4	7～8	1～1	3～4	1～1	4～4	0～0	2～3
重叠百分比/%	0	100	10	100	10	100	50	100
C 值	0.92	0.79	0.85	0.74	0.82	0.64	0.87	0.87
Z 值	3.43**	2.51**	3.14**	2.36**	3.05**	2.03*	3.22**	2.77**

注：*$p<0.05$，**$p<0.01$。

眼神接触的阶段间分析如表 4-34 所示，从基线期进入干预期，眼神接触的水准变化为+3，阶段间的重叠百分比为 0%，并且 C 统计的结果存在显著差异（$Z=3.43$，$p<0.01$），说明随着干预的介入，被试丙的眼神接触有了显著提高。对保持期和干预期的比较发现，被试丙的眼神接触得分没有随着干预的撤出而下降，阶段间的重叠百分比为 100%，并且 C 统计结果存在显著差异（$Z=2.51$，$p<0.01$），这说明被试丙眼神接触的干预效果保持得比较好。

视线转换的阶段间分析如表 4-34 所示，被试丙的视线转换在干预期与基线期相比有小幅提升，趋势成正向，且 C 统计结果显著（$Z=3.14$，$p<0.01$）。与

干预期相比，保持期的平均水准有所增加，阶段间的重叠百分比为 100%，并且 C 统计结果达到显著（$Z=2.36$，$p<0.01$），上述结果表明，对被试丙的视线转换干预效果较为明显，并且干预效果保持得比较好。

指示行为的阶段间分析如表 4-34 所示，被试丙由基线期进入干预期，呈现正向效果变化，C 统计结果达到显著（$Z=3.05$，$p<0.01$），表明虽然一开始干预并没有什么效果，但随着干预持续进行，效果较为明显。保持期的资料点数据稍有下降，阶段间的重叠百分比为 100%，并且 C 统计结果达到显著（$Z=2.03$，$p<0.05$）。上述结果都表明，对被试丙的指示行为干预效果较为明显，并且干预效果能够较好地保持下来。

展示行为的阶段间分析如表 4-34 所示，被试丙由基线期进入干预期，呈现正向效果变化，两阶段重叠的百分比为 50%，表明直到干预进行到一半时才开始出现展示行为，但 C 统计结果达到显著（$Z=3.22$，$p<0.01$）。保持期比干预期最后的资料点数据有了提高，阶段间的重叠百分比为 100%，并且 C 统计结果出现显著差异（$Z=2.77$，$p<0.01$）。上述结果都表明，对被试丙展示行为的干预效果较为明显，并且能够较好地保持下来。

综上所述，对被试丙的自发性共同注意干预效果较好，并且干预效果得到了较好的保持，但高水平自发性共同注意行为在干预持续到一半时才开始出现效果。

（2）观察资料分析

被试丙的课堂表现没有被试甲和被试乙进步明显，但也表现出了一定程度的进步。特别是到了干预的后期，被试丙能够对教师做出回应的次数从一开始的 2 次左右提升到了 7～8 次。课间别人喊他名字时，他也能做出回应，说明对其反应性共同注意的干预泛化效果良好。但在自发性共同注意方面，被试丙的泛化效果一般，仅能在自己有需求时才会对他人发起请求。

（3）社会效度分析

被试丙的母亲说："孩子这段时间进步很大，虽然我一个人带孩子很辛苦，但看到孩子能有如此大的进步，觉得自己的付出总算是得到了回报，并且我现在对孩子的期望明显比以前高了很多。"被试丙的教师提议，以后学校方面可以为家长提供更加切合实际的帮助，有针对性地对每一个孩子给出指导，还可以适当地考虑为家长做些相应的免费培训等。

综合上述所有结果不难看出，家长介入干预模式对 ASD 儿童共同注意能力的改善起到了积极作用，并且这和积极效果能够较好地保持和泛化到日常生活中。但对于不同的研究对象，其效果可能会有差异，在接下来的讨论部分，我们会对造成这些差异的原因展开分析，希望为以后的干预研究提供借鉴。

三、讨论与结论

在本节中，我们通过指导家长对 3 名 ASD 儿童的共同注意进行干预，发现他们的共同注意水平都有了较大的提高，尤其是反应性共同注意和低水平的自发性共同注意（包括眼神接触和视线转换）明显提高，并且泛化效果较好，这证实了父母介入这一干预模式的有效性（Murza et al.，2016）。

尽管 3 名被试的共同注意整体上都有了显著的改善，但各个被试之间存在着一些差异。总体来说，被试甲的干预效果最好，其次是乙，最后是丙。同时，在不同指标之间也存在很大的差异：眼神接触和视线转换这两个低水平自发性共同注意指标在干预刚介入时就开始起作用，而指示和展示这两个高水平自发性共同注意指标在干预持续了一段时间之后才开始出现改善。

被试的康复效果出现差异可能有以下几个原因。首先，父母的自我效能感差异可能是造成 3 名被试康复效果存在差异的主要原因之一。在干预之前，我们请家长填写了一些问卷，其中包括自我效能感的评估。被试甲和乙的父母自我效能感相对较高，在干预方案的理解及技巧的掌握上显得更轻松一些，他们相信自己能够处理好孩子的一些问题，因此他们的配合度也较高，更愿意去参与训练，在训练时间上也能达到我们的要求。其次，被试的个体差异是康复效果出现差异的另一个可能原因。被试丙在认知能力和言语理解等方面与被试甲、乙是略有差异的。最后，家长感受到的压力水平及受教育程度等也会影响 ASD 儿童的康复效果。被试甲的家长受教育程度较高，并且被试甲由父母两人共同抚养，而被试丙由母亲单独抚养，被试丙的母亲育儿压力相对更大。

另外，通过对 3 名被试干预效果的比较还发现，共同注意的干预只有达到一定的量时才会起作用。这就对 ASD 儿童的父母提出了更高的要求，也需要整个社会更关注这一群体并提供相应的支持，因为社会支持能减轻 ASD 儿童父母的压力，并让他们多采取积极的方式来应对生活中的困难，只有这样才能形成良性循环，促进 ASD 儿童更好地发展。

综上所述，本节得出结论：父母介入的干预模式对 ASD 儿童共同注意能力的提高有积极作用。

第 五 章

情景预见的发展规律、影响因素和未来展望

一、情景预见的发展规律和影响因素

本书重点探讨了以下几部分内容：①情景预见能力的发生发展轨迹和不同阶段的特点（第二章）；②情景预见的内部机制，也就是在发展的进程中去探索影响儿童和青少年情景预见能力的关键因素（第三章）；③对特殊儿童的情景预见能力进行考察和干预，即关注 ASD 儿童情景预见的缺损特点和内部机制，并尝试采用不同的方法进行干预（第四章）。

对于情景预见能力的发生发展特点，研究表明，4 岁以后，儿童能够根据未来的需要选择适宜的物品，表现出一定的情景预见能力；儿童中晚期，个体情景预见的能力随年龄增长逐步提高，而少年期和青年早期则分别呈现平稳发展的状态，与情景记忆的发展趋势一致。成人期的情景记忆比情景预见加工具有更强的特异性、更多的情景细节、更丰富的主观体验和情绪情感。

对于发展进程中情景预见的影响因素，本书的一系列研究主要从与"自我"相关变量和涉及"情景建构"的因素两个方面来考察。抑制控制是自我控制的重要成分。第三章第一节发现，抑制控制对幼儿的情景预见能力存在直接的预测效力，而心理理论是通过抑制控制作为中介变量间接作用于情景预见过程。

与抑制控制能力相似，延迟满足是自我控制的核心特征。第三章第二节发现，可控性高的事件能够引发幼儿更具体的回忆和更具体、更准确的想象，自我控制能力低的幼儿在事件可控性较高时能回忆出更多的具体特异性的答案，而自我控制能力高的幼儿在事件可控性高低不同条件下则没有出现类似的差异。也就是说，自我控制能力与事件的可控性存在相互制约的关系，共同对幼儿的情景预见能力产生影响。第三章第一节和第二节试图考察自我控制能力对情景预见的影响，结果都呈现出自我相关能力与其他因素协同作用的趋势。第三章第三节将自我投射能力剥离出来，结果发现3～5.5岁幼儿为他人做情景预见优于为自己做情景预见，即幼儿不成熟的自我投射能力可能会对情景预见产生负面影响。除了与自我相关的能力，情景建构能力（情景记忆的贡献和语义记忆的支撑）也是影响幼儿情景预见加工的关键因素。第三章第四节发现，3岁幼儿的情景记忆、语义记忆和情景预见两两之间均没有关联，随着年龄的增长，情景记忆和语义记忆开始产生联系，4岁左右，情景记忆与情景预见的联系增强，语义记忆可能通过搭建脚手架支持情景记忆发挥作用。可见，在幼儿情景预见发展的早期，情景记忆已经开始发挥作用，但是自我投射还未明确表现出积极的作用。

之后，我们考察了在情景预见能力发展进程中，自我相关能力与情景记忆对情景预见的作用模式转换。第三章第五节和第六节的研究表明，在儿童期，情景记忆能有效预测个体的情景预见水平；在少年期，情景记忆的作用依然保持，自我描述对情景预见的影响开始显现；在青年早期，情景记忆不仅发挥直接作用，还以自我连续性为中介变量作用于情景预见；到了成年期，核心自我评价、独立型/互倚型自我概念对过去和未来事件的回忆及建构表现出一定的引导与调控作用。

探明情景预见在发展中的一般规律之后，我们开始着眼于探讨情景预见的个体差异，关注ASD儿童的情景预见能力。第四章第一节发现，ASD儿童的情景记忆选择性受损，情景预见部分受损，ASD儿童的情景记忆与情景预见之间没有建立联系。这种损伤是源于自我投射还是情景建构？第四章第二节发现，TD儿童为自我做预见显著差于为他人做预见，而ASD儿童为自己做预见与为他人做预见没有差异，说明ASD儿童的自我投射能力的确是受损的，不会对其为自己做预见产生影响。ASD 儿童的情景建构能力是不是也有缺损呢？情景记忆与语义经验对情景预见的作用模式会不会有所改变？第四章第三节发现，ASD 儿童的情景记忆和情景预见能力均受损，语义经验则保存得相对完好；如果提供具体而一致的情景设置，ASD 儿童的情景记忆和情景预见有紧密联系，语义记忆则有直接为情景预见提供支持的趋势，而非通过为情景记忆搭建脚手架来发挥作用。

第四章第一节到第三节的研究已经证明 ASD 儿童的情景预见能力受损，第四节通过沙盘进行的游戏干预提高了 ASD 儿童的情景预见和心理理论能力，但是以治疗师为主导的干预模式虽然能在一段时间内提高 ASD 儿童的各项表现，但是停止干预后的保持效果不太理想。第五节采取了父母介入的干预模式，发现其对 ASD 儿童共同注意能力的提高和干预效果的维持有积极的作用。

二、研究的未来展望

Suddendorf（2006）提出，人类如果想继续生存，就要更好地掌握情景预见能力。准确全面的情景预见过程不仅会促进周详计划的产生，提高日常决策的有效性和控制感，还可以帮助个体应对人类所面临的一系列重大问题，如气候异常、经济危机。

从演化心理学的研究视角来看，对情景预见能力种系发生图谱的描绘还需要更多样的证据。根据已有的文献，以黑猩猩、黄猩猩和倭黑猩猩为代表的大猿能够为未来做准备（Osvath，2009；Osvath M，Osvath H，2008；Mulcahy，Call，2006），也就是说，情景预见能力的雏形在现存猿类的共同祖先身上可能就已经存在。而在延迟满足的实验中，作为旧大陆猴的代表，恒河猴并没有表现出未来定向的决策能力（Evans，Beran，2007），似乎情景预见能力的演化轨迹在这里出现了断裂。然而，大量研究又表明，灌丛鸦是能够利用过去的信息为未来做打算的。但除此之外鲜有其他物种的实验证据。虽然早期的研究表明，大鼠可以跨越很短的时间，通过编码未来完成任务（Cook et al.，1985），有关鸽子的研究也发现了相似的结果（Zentall et al.，1990），但是这些研究考察的都是短期的未来事件，并不足以表明这些动物具有情景预见能力。因此，未来的研究可以对更多的物种进行考察，对情景预见能力的种系发生图谱进行补充和修正，以更好地理解人类与其他物种之间心理能力的联系和本质差异。

另外，情景预见能力与语言的关系可以从演化发展的角度进行探索。人类语言和情景记忆的共同点就是它们都具有生成性。语言会根据对未来事件的想象产生各种不同的情节（Corballis，2008），而情景记忆也是经过修饰和建构的，它的作用不在于提供一个对过去事件完整或者真实的记录，而是为未来提供建构详细情节的素材（Corballis，2009a）。Corballis（2007）提出，语言演化最初的动力来源于情景记忆、心理时间旅行和时间感。也就是说，语言的适应性作用似乎体现在专门用来让个体分享过去经验和未来计划（Corballis，2009b）。因此，利用实证研究探索在儿童成长过程中情景预见能力和语言之间的关系，不仅有助于了解情景预见能力的发展本质，还可以为两者共同演化进程的理论提供有关佐证。

从认知神经科学的研究视角，还可以进一步辨明语义经验对情景预见的作用模式。情景建构、自我投射和情景-建构-模拟假说侧重于情景记忆对情景片段的提取整合在情景预见形成中的作用，但语义信息在情景预见中的代偿和支撑作用很少被探讨。未来的研究可以考察语义记忆对语义知识和信息的提取整合在情景预见中是怎样发挥作用的。已有研究指出，阿尔茨海默病和语义痴呆患者为考察情景记忆和语义记忆在情景预见中的作用机制提供了很好的模型（Irish，Piolino，2016）。有关孤独症的研究也发现，孤独症患者的语义记忆相对完整，但是情景记忆受损（Lind，Bowler，2010；Crane，Goddard，2008）。Lind和Bowler（2009b）的研究要求主试和被试轮流选择和命名图片，结果发现，孤独症儿童在记忆是自己还是主试选择图片的源记忆能力上显著受损，而图片再认能力相对完好。Lind等（2014a）的研究也发现高功能孤独症儿童与TD儿童相比，更多地虚构过去事件，情景记忆缺乏真实性；而叙述特定事件和应用时间词的能力都相对完好。以上两个研究说明，记忆中偏向于语义知识的成分（如对学习过的知识进行再认或纯粹的语言表达能力）在高功能孤独症儿童身上保存得相对完好，而偏重于情景记忆的部分（如学习的具体情境或事件的真实性）则表现出缺陷。这种记忆的选择性缺损对澄清情景记忆和语义记忆在情景预见中的贡献也是非常有帮助的。遗憾的是，如何在情景预见的任务中，有效分离语义记忆和情景记忆，进而考察两者的交互作用，还没有成熟的研究范式。现有的证据大多建立在间接推测的基础上，缺乏直接的证明。

从应用的研究视角，可以将一般的认知规律运用到社会生活的具体情境中。前人的研究发现，情景特异性诱导作为干预手段能够增强回忆过去和想象未来时的情景细节数量，也可以影响发散思维、方法-目的问题解决能力，改善人们的心理健康水平。但是，情景特异性诱导是通过什么影响心理时间旅行的呢？Schacter 和 Madore（2016）认为，情景特异性诱导是通过情景建构的检索过程影响心理时间旅行的。他们提出，情景特异性诱导技术增加了回忆和想象任务的情景细节数量，很有可能是以情景检索为目标，引导被试产生一种特定检索取向——情景检索趋向，即关注与地点、人物或行动相关的情景细节，正是这种对情景细节的特别关注影响了随后一些包含构建心理事件或场景的任务的表现。另外，情景特异性诱导还影响了问题解决和发散思维，这些任务中都包含不同程度的情景建构。想象任务和问题解决任务需要检索和重组情景信息以构建新异的场景（Madore et al.，2014；Madore，Schacter，2014），发散思维任务则需要建立多个不同用途或后果的场景，这可能更多地涉及重组情景和语义信息的加工过程。因此，情景特异性诱导也可能是通过影响情景建构的整合过程来影响心理时间旅行的（Schacter，Madore，2016）。但当前对于情景特异性诱导对情景预见的作用机制只有间接的推论，缺乏直接的实验证据的支持。

另外，情景预见能力存在个体差异，不同人格特点的个体预期未来的表现不尽相同（Fortunato，Furey，2009；Quoidbach et al.，2008），未来的研究还可以根据个体的不同特点，尝试提高或者优化个体的决策过程。同时，情景预见能力的研究对于理解幸福感、成就和目标实现、老化、乐观及一些临床的研究是非常有价值的（Schacter，Addis，2007a），未来的研究可以在这方面进行深入探讨。

R参考文献
eferences

柴俊武, 赵广志, 张泽林. 2011. 自我概念对两类怀旧广告诉求有效性的影响. 心理学报, 43(3): 308-321.

陈顺森. 2010. 沙盘疗法治疗自闭症的原理和操作. 中国特殊教育, 3: 42-47.

杜卫, 张厚粲, 朱小姝. 2007. 核心自我评价概念的提出及其验证性研究. 心理科学, 30(3): 1057-1060.

杜正治. 2006. 单一受试研究法. 台北: 心理出版社.

韩世辉, 张逸凡. 2012. 自我概念心理表征的文化神经科学研究. 心理科学进展, 20(5): 633-640.

胡金兰, 杨丽珠. 2009. 高低自我监控者在不同互动情境中的被洞悉错觉. 心理学报, 41(1): 79-85.

鞠恩霞, 李红, 龙长权, 等. 2010. 基于神经成像技术的青少年大脑发育研究. 心理科学进展, 18(6): 907-913.

寇延. 2005. 幼儿自闭症游戏治疗个案研究. 河北大学硕士学位论文.

李峰, 张德, 张宇莲. 1992. 心理控制源与自我监控在预测中的交互作用. 心理学报, (3): 261-266.

林志成. 2007. 联合注意: 早期发展的里程碑. 心理科学, 30(5): 1155-1157.

刘昊, 刘立辉. 2010. 父母实施孤独症儿童共同注意干预的效果研究. 中国特殊教育, (2): 36-41.

刘岩, 廖平平, 李华. 2016. 孤独症谱系障碍儿童的心理时间旅行. 中国特殊教育, (4): 47-52.

刘岩, 杨丽珠, 徐国庆. 2010. 预见: 情景记忆的未来投射与重构. 心理科学进展, 18(9): 1403-1412.

刘岩, 杨丽珠, 邓晨曦. 2012a. 幼儿预见能力的发展及与抑制控制、心理理论的关系. 心理发展与教育, 28(1): 1-8.

刘岩, 杨丽珠, 侯雨欣, 等. 2012b. 事件可控性和自我控制能力对 4 岁幼儿心理时间旅行的影响. 学前教育研究, (7): 49-55.

莫新竹. 2014. 孤独症儿童心理理论发展特点之情绪理解能力的研究. 中南大学硕士学位论文.

沈悦. 2011. 幼儿自我控制的发展特点及影响机制研究. 辽宁师范大学博士学位论文.

宋广文, 陈启山. 2003. 印象整饰对强迫服从后态度改变的影响. 心理学报, 35 (3): 397-403.

隋洁, 吴艳红. 2004. 心理时间之旅——情景记忆的独特性. 北京大学学报 (自然科学版), 40 (2): 326-332.

韦小满, 刘宇洁, 杨希洁. 2014. 单一被试实验法在特殊儿童干预效果评价中的应用. 中国特殊教育, (4): 27-30.

温忠麟, 叶宝娟. 2014. 中介效应分析: 方法和模型发展. 心理科学进展, 22 (5): 731-745.

温忠麟, 张雷, 侯杰泰, 等. 2004. 中介效应检验程序及其应用. 心理学报, 36 (5): 614-620.

肖晓, 杨娜, 钱乐琼, 等. 2014. 假装游戏训练对自闭症儿童心理理论的干预研究. 中国临床心理学杂志, 22 (4): 742-745.

徐晓晓, 喻婧, 雷旭. 2015. 想象未来的认知加工成分及其脑网络. 心理科学进展, 23 (3): 394-404.

杨丽珠, 董光恒. 2005. 3～5 岁幼儿自我控制能力结构研究. 心理发展与教育, (4): 7-12.

杨丽珠, 刘文. 2006. 毕生发展心理学. 北京: 高等教育出版社.

杨丽珠, 刘岩, 周天游, 等. 2013. 心理时间旅行的动力机制: 自我的作用. 心理科学, 36 (4): 971-977.

杨丽珠, 吴文菊. 2000. 幼儿社会性发展与教育. 大连: 辽宁师范大学出版社.

张倩倩. 2013. 孤独症儿童的心理理论发展特点之愿望理解能力的研究. 中南大学硕士学位论文.

张婷, 李红, 曾维希, 等. 2009. 3～6 岁儿童信念理解能力的发展研究. 心理发展与教育, 25 (4): 15-20.

张玉梅. 2007. 心理理论视角下 3～6 岁儿童情绪理解能力发展研究. 东北师范大学硕士学位论文.

张真. 2008. 分享情景中利他行为的比较研究. 北京大学博士学位论文.

Koegel R L, Koegel L K. 2015. 孤独症障碍儿童关键反应训练掌中宝. 胡晓毅, 王勉译. 北京: 华夏出版社.

Schopler E. 2003. 自闭症者家长实战手册: 危机处理指南. 杨宗仁, 张雯婷, 江家荣译. 台北: 心理出版社.

Abraham A, Bubic A. 2015. Semantic memory as the root of imagination. Frontiers in Psychology, 6. doi: 10. 3389/fpsyg. 2015. 00325.

Abraham A, Schubotz R I, von Cramon D Y. 2008. Thinking about the future versus the past in personal and non-personal contexts. Brain Research, 1233: 106-119.

Abram M, Picard L, Navarro B, et al. 2014. Mechanisms of remembering the past and imagining the future: New data from autobiographical memory tasks in a lifespan approach. Consciousness and Cognition, 29: 76-89.

Addis D R, Musicaro R, Pan L, et al. 2010. Episodic simulation of past and future events in older adults: Evidence from an experimental recombination task. Psychology and Aging, 25 (2): 369-376.

Addis D R, Pan L, Vu M A, et al. 2009. Constructive episodic simulation of the future and the past: Distinct subsystems of a core brain network mediate imagining and remembering. Neuropsychologia, 47 (11): 2222-2238.

Addis D R, Schacter D L. 2008. Constructive episodic simulation: Temporal distance and detail of past and future events modulate hippocampal engagement. Hippocampus, 18: 227-237.

Addis D R, Wong A T, Schacter D L. 2007. Remembering the past and imagining the future: Common and distinct neural substrates during event construction and elaboration. Neuropsychologia, 45 (7): 1363-1377.

Arzy S, Molnar-Szakacs I, Blanke O. 2008. Self in time: Imagined self-location influences neural activity related to mental time travel. Journal of Neuroscience, 28 (25): 6502-6507.

Astington J W, Harris P L, Olson D. 1988. Developing Theories of Mind. Cambridge: Cambridge University Press.

Atance C M. 2008. Future thinking in young children. Current Directions In Psychological Science, 17 (4): 295-298.

Atance C M. 2015. Young children's thinking about the future. Child Development Perspectives, 9 (3): 178-182.

Atance C M, Jackson L K. 2009. The development and coherence of future-oriented behaviors during the preschool years. Journal of Experimental Child Psychology, 102 (4):379-391.

Atance C M, Louw A, Clayton N S. 2015. Thinking ahead about where something is needed: New insights about episodic foresight in preschoolers. Journal of Experimental Child Psychology, 129: 98-109.

Atance C M, Meltzoff A N. 2005. My future self: Young children's ability to anticipate and explain future states. Cognitive Development, 20 (3): 341-361.

Atance C M, Meltzoff A N. 2006. Preschoolers' current desires warp their choices for the future. Psychological Science, 17 (7): 583-587.

Atance C M, Meltzoff A N. 2007. How developmental science contributes to theories of future thinking. Behavioral and Brain Sciences, 30 (3): 314.

Atance C M, O'Neill D K. 2005. The emergence of episodic future thinking in humans. Learning and Motivation, 36 (2): 126-144.

Atance C M, Sommerville J A. 2014. Assessing the role of memory in preschoolers' performance on episodic foresight tasks. Memory, 22 (1): 118-128.

Bar M. 2009. The proactive brain: Memory for predictions. Philosophical Transactions of the Royal Society B-Biological Sciences, 364 (1521): 1235-1243.

Barnette J J, Wallis A B. 2005. The missing treatment design element continuity of treatment when multiple postobservations are used in time-series and repeated measures study designs. American Journal of Evaluation, 26(1): 106-123.

Baron-Cohen S, Leslie A M, Frith U. 1985. Does the autistic-child have a theory of mind. Cognition, 21(1): 37-46.

Beaty R E, Benedek M, Silvia P J, et al. 2016. Creative cognition and brain network dynamics. Trends in Cognitive Sciences, 20(2): 87-95.

Bechara A, Damasio A R. 2005. The somatic marker hypothesis: A neural theory of economic decision. Games and Economic Behavior, 52(2): 336-372.

Berman M G, Yourganov G, Askren M K, et al. 2013. Dimensionality of brain networks linked to life-long individual differences in self-control. Nature Communications, 4: 7.

Bernard S, Harris P, Terrier N, et al. 2015. Children weigh the number of informants and perceptual uncertainty when identifying objects. Journal of Experimental Child Psychology, 136: 70-81.

Berntsen D, Jacobsen A S. 2008. Involuntary (spontaneous) mental time travel into the past and future. Consciousness and Cognition, 17(4): 1093-1104.

Binder J R, Desai R H. 2011. The neurobiology of semantic memory. Trends in Cognitive Sciences, 15(11): 527-536.

Botzung A, Denkova E, Manning L. 2008. Experiencing past and future personal events: Functional neuroimaging evidence on the neural bases of mental time travel. Brain and Cognition, 66(2): 202-212.

Boyer P. 2008. Evolutionary economics of mental time travel? Trends in Cognitive Sciences, 12(6): 219-224.

Brewer M B, Gardner W. 1996. Who is this "We"? Levels of collective identity and self representations. Journal of Personality and Social Psychology, 71(1): 83-93.

Brown A D, Dorfman M L, Marmar C R, et al. 2012. The impact of perceived self-efficacy on mental time travel and social problem solving. Consciousness and Cognition, 21(1): 299-306.

Brown A D, Root J C, Romano T A, et al. 2013. Overgeneralized autobiographical memory and future thinking in combat veterans with posttraumatic stress disorder. Journal of Behavior Therapy and Experimental Psychiatry, 44(1): 129-134.

Buckner R L, Andrews-Hanna J R, Schacter D L. 2008. The brain's default network: Anatomy, function, and relevance to disease. Annals of the New York Acade my Sciences, 1124: 1-38.

Buckner R L, Carroll D C. 2007. Self-projection and the brain. Trends in Cognitive Sciences, 11(2): 49-57.

Burrell T L, Borrego J. 2012. Parents' involvement in ASD treatment: What is their role? Cognitive and Behavioral Practice, 19(3): 423-432.

Busby J, Suddendorf T. 2005. Recalling yesterday and predicting tomorrow. Cognitive Development, 20(3): 362-372.

Busby J, Suddendorf T. 2009. Preschoolers begin to differentiate the times of events from throughout the lifespan. European Journal of Developmental Psychology, 6(6): 746-762.

Cao H B, Shan W, Xu Y, et al. 2013. Eastern sandplay as a safe container for a combined intervention for a child with asperger syndrome: A case study. Arts in Psychotherapy, 40(1): 134-142.

Carlson S M, Moses L J, Claxton L J. 2004. Individual differences in executive functioning and theory of mind: An investigation of inhibitory control and planning ability. Journal of Experimental Child Psychology, 87(4): 299-319.

Carmo J C, Duarte E, Pinho S, et al. 2016. Preserved proactive interference in autism spectrum disorder. Journal of Autism and Developmental Disorders, 46(1): 53-63.

Carter S L. 2010. Social Validity Manual: A Guide to Subjective Evaluation of Behavior Interventions. San Diego: Elsevier Academic Press.

Casey B J, Somerville L H, Gotlib I H, et al. 2011. Behavioral and neural correlates of delay of gratification 40 years later. Proceedings of the National Academy of Sciences of the United States of America, 108(36): 14998-15003.

Charman T, Baron-Cohen S, Swettenham J, et al. 2000. Testing joint attention, imitation, and play as infancy precursors to language and theory of mind. Cognitive Development, 15(4): 481-498.

Chessell Z J, Rathbone C J, Souchay C, et al. 2014. Autobiographical memory, past and future events, and self-images in younger and older adults. Self and Identity, 13(4): 380-397.

Clayton N S, Bussey T J, Dickinson A. 2003a. Can animals recall the past and plan for the future? Nature Reviews Neuroscience, 4(8): 685-691.

Clayton N S, Bussey T J, Emery N J, et al. 2003b. Prometheus to proust: The case for behavioural criteria for 'mental time travel'. Trends In Cognitive Sciences, 7(10): 436-437.

Clayton N S, Correia S P C, Raby C R, et al. 2008. Response to Suddendorf & Corballis(2008): In defence of animal foresight. Animal Behaviour, 76: E9-E11.

Clayton N S, Dally J, Gilbert J, et al. 2005. Food caching by western scrub-jays(Aphelocoma californica) is sensitive to the conditions at recovery. Journal of Experimental Psychology-Animal Behavior Processes, 31(2): 115-124.

Conway M A, Pleydell-Pearce C W. 2000. The construction of autobiographical memories in the self-memory system. Psychological Review, 107(2): 261-288.

Conway M A, Pleydell-Pearce C W, Whitecross S E. 2001. The neuroanatomy of autobiographical memory: A slow cortical potential study of autobiographical memory retrieval. Journal of Memory and Language, 45: 493-524.

Conway M A, Singer J A, Tagini A. 2004. The self and autobiographical memory: Correspondence and coherence. Social Cognition, 22: 495-537.

Cook R G, Brown M F, Riley D A. 1985. Flexible memory processing by rats: Use of prospective and retrospective information in the radial maze. Journal of Experimental Psychology-Animal Behavior Processes, 11 (3): 453-469.

Corballis M C. 2007. The uniqueness of human recursive thinking. American Scientist, 95 (3): 240-248.

Corballis M C. 2008. Time on our hands: How gesture and the understanding of the past and future helped shape language. Behavioral and Brain Sciences, 31 (5): 517.

Corballis M C. 2009a. Mental time travel and the shaping of language. Experimental Brain Research, 192 (3): 553-560.

Corballis M C. 2009b. The Evolution of Language. Year in Cognitive Neuroscience, 1156: 19-43.

Correia S P C, Dickinson A, Clayton N S. 2007. Western scrub-jays anticipate future needs independently of their current motivational state. Current Biology, 17 (10): 856-861.

Corriveau K H, Harris P L. 2010. Preschoolers (sometimes) defer to the majority in making simple perceptual judgments. Developmental Psychology, 46 (2): 437-445.

Cosentino E. 2011. Self in time and language. Consciousness and Cognition, 20 (3): 777-783.

Crane L, Goddard L. 2008. Episodic and semantic autobiographical memory in adults with autism spectrum disorders. Journal of Autism and Developmental Disorders, 38 (3): 498-506.

Crane L, Lind S E, Bowler D M. 2013. Remembering the past and imagining the future in autism spectrum disorder. Memory, 21 (2): 157-166.

Cuevas K, Rajan V, Morasch K C, et al. 2015. Episodic memory and future thinking during early childhood: Linking the past and future. Developmental Psychobiology, 57 (5): 552-565.

D'Argembeau A, Mathy A. 2011. Tracking the construction of episodic future thoughts. Journal of Experimental Psychology: General, 140 (2): 258-271.

D'Argembeau A, Raffard S, van der Linden M. 2008a. Remembering the past and imagining the future in schizophrenia. Journal of Abnormal Psychology, 117 (1): 247-251.

D'Argembeau A, van der Linden M. 2004. Phenomenal characteristics associated with projecting oneself back into the past and forward into the future: Influence of valence and temporal distance. Consciousness and Cognition, 13 (4): 844-858.

D'Argembeau A, van der Linden M. 2006. Individual differences in the phenomenology of mental time travel: The effect of vivid visual imagery and emotion regulation strategies. Consciousness and Cognition, 15(2): 342-350.

D'Argembeau A, van der Linden M. 2012. Predicting the phenomenology of episodic future thoughts. Consciousness and Cognition, 21(3): 1198-1206.

D'Argembeau A, Xue G, Lu Z L, et al. 2008b. Neural correlates of envisioning emotional events in the near and far future. Neuroimage, 40(1): 398-407.

D'Argembeau A, Ortoleva C, Jumentier S, et al. 2010. Component processes underlying future thinking. Memory & Cognition, 38(6): 809-819.

Dudai Y, Carruthers M. 2005. The Janus face of mnemosyne. Nature, 434(7033): 567.

Dunn L M, Dunn L M. 1981. Peabody Picture Vocabulary Test-revised. (Chinese version revised by Lu H, and Liu L, 1988). Circle Pines: American Guidance Service.

Duval C, Desgranges B, de la Sayette V, et al. 2012. What happens to personal identity when semantic knowledge degrades? A study of the self and autobiographical memory in semantic dementia. Neuropsychologia, 50(2): 254-265.

Eichenbaum H, Fortin N J. 2009. The neurobiology of memory based predictions. Philosophical Transactions of the Royal Society B-Biological Sciences, 364(1521): 1183-1191.

Emery N J, Clayton N S. 2001. Effects of experience and social context on prospective caching strategies by scrub jays. Nature, 414(6862): 443-446.

Evans J S B T. 2008. Dual-processing accounts of reasoning, judgment, and social cognition. Annual Review of Psychology, 59(1): 255-278.

Evans T A, Beran M J. 2007. Delay of gratification and delay maintenance by rhesus macaques (Macaca mulatta). Journal of General Psychology, 134(2): 199-216.

Fiske A, Kitayama S, Markus H R, et al. 1998. The Cultural Matrix of Social Psychology. San Francisco: McGraw-Hill.

Fortunato V J, Furey J T. 2009. The Theory of MindTime and the relationships between thinking perspective and the Big Five personality traits. Personality and Individual Differences, 47(4): 241-246.

Gilbert D T, Killingsworth M A, Eyre R N, et al. 2009. The Surprising Power of Neighborly Advice. Science, 323(5921): 1617-1619.

Gilbert D T, Wilson T D. 2007. Prospection: Experiencing the future. Science, 317(5843): 1351-1354.

Gilbert D T, Wilson T D. 2009. Why the brain talks to itself: Sources of error in emotional prediction. Philosophical Transactions of the Royal Society B-Biological Sciences, 364(1521): 1335-1341.

Gott C, Lah S. 2014. Episodic future thinking in children compared to adolescents. Child

Neuropsychology, 20(5): 625-640.

Grant J B, Suddendorf T. 2010. Young children's ability to distinguish past and future changes in physical and mental states. British Journal of Developmental Psychology, 28(4): 853-870.

Green J, Charman T, McConachie H, et al. 2010. Parent-mediated communication-focused treatment in children with autism(PACT): A randomised controlled trial. Lancet, 375(9732): 2152-2160.

Greenberg D L, Verfaellie M. 2010. Interdependence of episodic and semantic memory: Evidence from neuropsychology. Journal of the International Neuropsychological Society, 16(5): 748-753.

Grisdale E, Lind S E, Eacott M J, et al. 2014. Self-referential memory in autism spectrum disorder and typical development: Exploring the ownership effect. Consciousness and Cognition, 30: 133-141.

Habermas T, Bluck S. 2000. Getting a life: The emergence of the life story in adolescence. Psychological Bulletin, 126(5): 748-769.

Hanson L K, Atance C M. 2014. Brief report: Episodic foresight in autism spectrum disorder. Journal of Autism Developmental Disorder, 44(3): 674-684.

Hassabis D, Kumaran D, Maguire E A. 2007a. Using imagination to understand the neural basis of episodic memory. Journal of Neuroscience, 27(52): 14365-14374.

Hassabis D, Kumaran D, Vann S D, et al. 2007b. Patients with hippocampal amnesia cannot imagine new experiences. Proceedings of the National Academy of Sciences, 104(5): 1726-1731.

Hassabis D, Maguire E A. 2007. Deconstructing episodic memory with construction. Trends in Cognitive Sciences, 11(7): 299-306.

Hassabis D, Maguire E A. 2009. The construction system of the brain. Philosophical Transactions of the Royal Society B-Biological Sciences, 364(1521): 1263-1271.

Hassabis D, Spreng R N, Rusu A A, et al. 2014. Imagine all the people: How the brain creates and uses personality models to predict behavior. Cerebral Cortex(Cary), 24(8): 1979-1987.

Hayne H, Gross J, McNamee S, et al. 2011. Episodic memory and episodic foresight in 3-and 5-year-old children. Cognitive Development, 26(4): 343-355.

Hayne H, Imuta K. 2011. Episodic Memory in 3-and 4-Year-Old Children. Developmental Psychobiology, 53(3): 317-322.

Herwig U, Kaffenberger T, Schell C, et al. 2012. Neural activity associated with self-reflection. BMC Neuroscience, 13: 52-64.

Hoerl C. 2008. On being stuck in time. Phenomenology and the Cognitive Sciences, 7(4): 485-500.

Hoogenhout M, Malcolm-Smith S. 2014. Theory of mind in autism spectrum disorder: Does DSM classification predict development? Research in Autism Spectrum Disorders, 8(6): 597-607.

Hsiao J J, Kaiser N, Fong S S, et al. 2013. Suicidal behavior and loss of the future self in semantic dementia. Cognitive and Behavioral Neurology, 26(2): 85-92.

Irish M, Addis D R, Hodges J R, et al. 2012a. Considering the role of semantic memory in episodic future thinking: Evidence from semantic dementia. Brain, 135: 2178-2191.

Irish M, Addis D R, Hodges J R, et al. 2012b. Exploring the content and quality of episodic future simulations in semantic dementia. Neuropsychologia, 50(14): 3488-3495.

Irish M, Piguet O. 2013. The pivotal role of semantic memory in remembering the past and imagining the future. Frontiers in Behavioral Neuroscience, 7. doi: 10. 3389/fnbeh. 2013. 00027.

Irish M, Piolino P. 2016. Impaired capacity for prospection in the dementias - Theoretical and clinical implications. British Journal of Clinical Psychology, 55(1): 49-68.

Jackson L K, Atance C M. 2008. Future thinking in children with Autism Spectrum Disorders: A pilot study. Journal on Developmental Disabilities, 14(3): 40-45.

Jarrold C, Mansergh R, Whiting C. 2010. The representational status of pretence: Evidence from typical development and autism. British Journal of Developmental Psychology, 28(2): 239-254.

Jing H G, Madore K P, Schacter D L. 2016. Worrying about the future: An episodic specificity induction impacts problem solving, reappraisal, and well-Being. Journal of Experimental Psychology-General, 145(4): 402-418.

Johnson S C, Baxter L C, Wilder L S, et al. 2002. Neural correlates of self-reflection. Brain, 125(8): 1808-1814.

Judge T A, Bono J E. 2001. Relationship of core self-evaluations traits—self-esteem, generalized self-efficacy, locus of control, and emotional stability—with job satisfaction and job performance: A meta-analysis. Journal of Applied Psychology, 86(1): 80-92.

Kaminski J, Fischer J, Call J. 2008. Prospective object search in dogs: Mixed evidence for knowledge of what and where. Animal Cognition, 11(2): 367-371.

Kane J, van Boven L, McGraw A P. 2012. Prototypical prospection: Future events are more prototypically represented and simulated than past events. European Journal of Social Psychology, 42(3): 354-362.

Kanner L. 1968. Autistic disturbances of affective contact. Acta Paedopsychiatrica, 35(4-8): 100-136.

Kasari C, Gulsrud A C, Wong C, et al. 2010. Randomized controlled caregiver mediated joint engagement intervention for toddlers with autism. Journal of Autism and Developmental Disorders, 40(9): 1045-1056.

Klein S B. 2016. Autonoetic consciousness: Reconsidering the role of episodic memory in future-oriented self-projection. Quarterly Journal of Experimental Psychology, 69(2): 381-401.

Klein S B, Robertson T E, Delton A W, et al. 2012. Familiarity and personal experience as mediators of recall when planning for future contingencies. Journal of Experimental Psychology-Learning Memory and Cognition, 38(1): 240-245.

Koriat A, Ackerman R. 2010. Metacognition and mindreading: Judgments of learning for self and other during self-paced study. Consciousness and Cognition, 19(1): 251-264.

Kramer H J, Goldfarb D, Tashjian S M, et al. 2016. "These pretzels are making me thirsty": Older children and adults struggle with induced-state episodic foresight. Child Development, DOI: 10. 1111/cdev. 12700.

la Corte V, Piolino P. 2016. On the role of personal semantic memory and temporal distance in episodic future thinking: The tedift model. Frontiers in Human Neuroscience, 10: 5.

Lagattuta K H. 2007. Thinking about the future because of the past: Young children's knowledge about the causes of worry and preventative decisions. Child Development, 78(5): 1492-1509.

Lai M C, Lombardo M V, Baron-Cohen S. 2014. Autism. Lancet, 383(9920): 896-910.

Lehner E, D'Argembeau A. 2016. The role of personal goals in autonoetic experience when imagining future events. Consciousness and Cognition, 42: 267-276.

Levine B. 2004. Autobiographical memory and the self in time: Brain lesion effects, functional neuroanatomy, and lifespan development. Brain and Cognition, 55(1): 54-68.

Levine B, Svoboda E, Hay J F, et al. 2002. Aging and autobiographical memory: Dissociating episodic from semantic retrieval. Psychology and Aging, 17(4): 677-689.

Liberman N, Sagristano M D, Trope Y. 2002. The effect of temporal distance on level of mental construal. Journal of Experimental Social Psychology, 38(6): 523-534.

Liberman N, Trope Y. 1998. The role of feasibility and desirability considerations in near and distant future decisions: A test of temporal construal theory. Journal Of Personality And Social Psychology, 75(1): 5-18.

Liberman N, Trope Y. 2008. The psychology of transcending the here and now. Science, 322(5905): 1201-1205.

Lind S E. 2010. Memory and the self in autism. Autism, 14(5): 430-456.

Lind S E, Bowler D M. 2008. Episodic memory and autonoetic consciousness in autism spectrum disorders: The roles of self-awareness, representational abilities, and temporal cognition//Boucher J M & Bowler D M. Memory in Autism: Theory and Evidence. Cambridge: Cambridge University Press: 166-187.

Lind S E, Bowler D M. 2009a. Recognition memory, self-other source memory, and theory-of-mind in children with autism spectrum disorder. Journal of Autism and Developmental Disorders, 39(9): 1231-1239.

Lind S E, Bowler D M. 2009b. Delayed self-recognition in children with autism spectrum disorder. Journal of Autism and Developmental Disorders, 39 (4): 643-650.

Lind S E, Bowler D M. 2010. Episodic memory and episodic future thinking in adults with autism. Journal of Abnormal Psychology, 119 (4): 896-905.

Lind S E, Bowler D M, Raber J. 2014a. Spatial navigation, episodic memory, episodic future thinking, and theory of mind in children with autism spectrum disorder: Evidence for impairments in mental simulation? Frontiers in Psychology, 5. doi: 10. 3389/fpsyg. 2014. 01411.

Lind S E, Williams D M, Bowler D M, et al. 2014b. Episodic memory and episodic future thinking impairments in high-functioning autism spectrum disorder: An underlying difficulty with scene construction or self-projection? Neuropsychology, 28 (1): 55-67.

Madore K P, Addis D R, Schacter D L. 2015. Creativity and memory: Effects of an episodic-specificity induction on divergent thinking. Psychological Science, 26 (9): 1461-1468.

Madore K P, Gaesser B, Schacter D L. 2014. Constructive episodic simulation: Dissociable effects of a specificity induction on remembering, imagining, and describing in young and older adults. Journal of Experimental Psychology: Learning Memory and Cognition, 40 (3): 609-622.

Madore K P, Jing H G, Schacter D L. 2016a. Divergent creative thinking in young and older adults: Extending the effects of an episodic specificity induction. Memory & Cognition, 44 (6): 974-988.

Madore K P, Schacter D L. 2014. An episodic specificity induction enhances means-end problem solving in young and older adults. Psychology and Aging, 29 (4): 913-924.

Madore K P, Schacter D L. 2016. Remembering the past and imagining the future: Selective effects of an episodic specificity induction on detail generation. Quarterly Journal of Experimental Psychology, 69 (2): 285-298.

Madore K P, Szpunar K K, Addis D R, et al. 2016b. Episodic specificity induction impacts activity in a core brain network during construction of imagined future experiences. Proceedings of the National Academy of Sciences of the United States of America, 113 (38): 10696-10701.

Mahy C E V, Grass J, Wagner S, et al. 2014. These pretzels are going to make me thirsty tomorrow: Differential development of hot and cool episodic foresight in early childhood? British Journal of Developmental Psychology, 32 (1): 65-77.

Marini A, Ferretti F, Chiera A, et al. 2016. Brief report: Self-based and mechanical-based future thinking in children with autism spectrum disorder. Journal of Autism and Developmental Disorders, 46 (10): 3353-3360.

Markowitsch H J, Staniloiu A. 2012. Amnesic disorders. Lancet, 380 (9851): 1429-1440.

Markus H R, Kitayama S. 1991. Culture and the self: Implications for cognition, emotion, and motivation. Psychological Review, 98(2): 224-253.

Martin-Ordas G, Atance C M, Louw A. 2012. The role of episodic and semantic memory in episodic foresight. Learning and Motivation, 43(4): 209-219.

McColgan K L, McCormack T. 2008. Searching and planning: Young children's reasoning about past and future event sequences. Child Development, 79(5): 1477-1497.

McKeough A, Malcolm J. 2011. Stories of family, stories of self: Developmental pathways to interpretive thought during adolescence. New Directions for Child and Adolescent Development, (131): 59-71.

McLean K C. 2008. Stories of the young and the old: Personal continuity and narrative identity. Developmental Psychology, 44(1): 254-264.

McLean K C, Thorne A. 2003. Late adolescents' self-defining memories about relationships. Developmental Psychology, 39(4): 635-645.

McLean K C, Wood B, Breen A V. 2013. Reflecting on a difficult life: Narrative construction in vulnerable adolescents. Journal of Adolescent Research, 28(4): 431-452.

Meins E, Fernyhough C, Arnott B, et al. 2011. Individual differences in infants'joint attention behaviors with mother and a new social partner. Infancy, 16(6): 587-610.

Metcalfe J, Mischel W. 1999. A hot/cool-system analysis of delay of gratification: Dynamics of willpower. Psychological Review, 106(1): 3-19.

Michaelian K, Klein S B, Szpunar K K. 2016. The past, the present, and the future of future-oriented mental time travel: Editors' introduction//Michaelian K, Klein S B, Szpunar K K. Seeing the Future: Theoretical Perspectives on Future-Oriented Mental Time Travel. Oxford University Press: 379-387.

Mischel H N, Mischel W. 1983. The development of children's knowledge of self-control strategies. Child Development, 54(3): 603-619.

Mischel W, Ayduk O, Berman M G, et al. 2011. "Willpower" over the life span: Decomposing self-regulation. Social Cognitive and Affective Neuroscience, 6(2): 252-256.

Mischel W, Shoda Y, Peake P K. 1988. The nature of adolescent competencies predicted by preschool delay of gratification. Journal of Personality and Social Psychology, 54(4): 687-696.

Mischel W, Shoda Y, Rodriguez M L. 1989. Ddelay of gratification in children. Science, 244(4907): 933-938.

Mitchell P, O'Keefe K. 2008. Brief report: Do individuals with autism spectrum disorder think they know their own minds? Journal of Autism and Developmental Disorders, 38(8): 1591-1597.

Moore C, Barresi J, Thompson C. 1998. The cognitive basis of future-oriented prosocial behavior.

Social Development, 7(2): 198-218.

Moore C, Dunham P J. 1995. Joint Attention: Its Origins and Role in Development. Hillsadale, NJ: Lawrence Erlbaum Associates.

Mulcahy N J, Call J. 2006. Apes save tools for future use. Science, 312(5776): 1038-1040.

Mundy P, Delgado C, Block J, et al. 2003. A Manual for the Abridge Early Social Communication Scales(ESCS). Coral Cables: University of Miami.

Mundy P, Sigman M, Kasari C. 1994. Joint attention, developmental level, and symptom presentation in autism. Development and Psychopathology, 6(3): 389-401.

Murza K A, Schwartz J B, Hahs-Vaughn D L, et al. 2016. Joint attention interventions for children with autism spectrum disorder: A systematic review and meta-analysis. International Journal of Language & Communication Disorders, 51(3): 236-251.

Nelson K. 2005. Emerging levels of consciousness in early human development//Terrace H S, Metcalfe J. The Missing Link in Cognition: Origins of Self-Reflective Consciousness. New York: Oxford University Press: 116-141.

Newcombe N S, Balcomb F, Ferrara K, et al. 2014. Two rooms, two representations? Episodic-like memory in toddlers and preschoolers. Developmental Science, 17(5): 743-756.

Ochsner K N, Beer J S, Robertson E R, et al. 2005. The neural correlates of direct and reflected self-knowledge. Neuroimage, 28(4): 797-814.

Okuda J, Fujii T, Ohtake H, et al. 2003. Thinking of the future and past: The roles of the frontal pole and the medial temporal lobes. Neuroimage, 19(4): 1369-1380.

Ostby Y, Walhovd K B, Tamnes C K, et al. 2012. Mental time travel and default-mode network functional connectivity in the developing brain. Proceedings of the National Academy of Sciences of the United States of America, 109(42): 16800-16804.

Osvath M. 2009. Spontaneous planning for future stone throwing by a male chimpanzee. Current Biology, 19(5): R190-R191.

Osvath M, Osvath H. 2008. Chimpanzee(Pan troglodytes) and orangutan(Pongo abelii) forethought: Self-control and pre-experience in the face of future tool use. Animal Cognition, 11(4): 661-674.

Pasupathi M, Mansour E. 2006. Adult age differences in autobiographical reasoning in narratives. Developmental Psychology, 42(5): 798-808.

Pasupathi M, Wainryb C. 2010. On telling the whole story: Facts and interpretations in autobiographical memory narratives from childhood through midadolescence. Developmental Psychology, 46(3): 735-746.

Payne G, Taylor R, Hayne H, et al. 2015. Mental time travel for self and other in three-and four-year-old children. Memory, 23(5): 675-682.

Perner J, Kloo D, Gornik E. 2007. Episodic memory development: Theory of mind is part of re-experiencing experienced events. Infant and Child Development, 16(5): 471-490.

Perner J, Kloo D, Rohwer M. 2010. Retro-and prospection for mental time travel: Emergence of episodic remembering and mental rotation in 5-to 8-year old children. Consciousness and Cognition, 19(3): 802-815.

Persson J, Soderlund H. 2015. Hippocampal hemispheric and long-axis differentiation of stimulus content during episodic memory encoding and retrieval: An activation likelihood estimation meta-analysis. Hippocampus, 25(12): 1614-1631.

Peterson C C, Wellman H M, Liu D. 2005. Steps in theory-of-mind development for children with deafness or autism. Child Development, 76(2): 502-517.

Phillips W, Baroncohen S, Rutter M. 1995. To what extent can children with autism understand desire. Development and Psychopathology, 7(1): 151-169.

Prencipe A, Zelazo P D. 2005. Development of affective decision making for self and other: Evidence for the integration of first- and third-person perspectives. Psychological Science, 16(7): 501-505.

Qin S, Cho S, Chen T, et al. 2014. Hippocampal-neocortical functional reorganization underlies children's cognitive development. Nature Neuroscience, 17(9): 1263-1269.

Quoidbach J, Hansenne M, Mottet C. 2008. Personality and mental time travel: A differential approach to autonoetic consciousness. Consciousness and Cognition, 17(4): 1082-1092.

Quon E, Atance C M. 2010. A Comparison of Preschoolers' Memory, Knowledge, and Anticipation of Events. Journal of Cognition and Development, 11(1): 37-60.

Raby C R, Alexis D M, Dickinson A, et al. 2007. Planning for the future by western scrub-jays. Nature, 445(7130): 919-921.

Raby C R, Clayton N S. 2009. Prospective cognition in animals. Behavioural Processes, 80(3): 314-324.

Rakoczy H. 2008. Pretence as individual and collective intentionality. Mind & Language, 23(5): 499-517.

Rasmussen K W. 2013. The role of the hippocampus and prefrontal cortex in imagining the future: Insights from studies of patients with focal brain lesions. Nordic Psychology, 65(2): 166-188.

Reese E, Brown N. 2000. Reminiscing and recounting in the preschool years. Applied Cognitive Psychology, 14(1): 1-17.

Renoult L, Davidson P S R, Palombo D J, et al. 2012. Personal semantics: At the crossroads of semantic and episodic memory. Trends in Cognitive Sciences, 16(11): 550-558.

Roberts W A. 2002. Are animals stuck in time? Psychological Bulletin, 128(3): 473-489.

Roberts W A. 2007. Mental time travel: Animals anticipate the future. Current Biology, 17(11): R418-R420.

Roberts W A, Feeney M C. 2009. The comparative study of mental time travel. Trends In Cognitive Sciences, 13(6): 271-277.

Robinson S, Howlin P, Russell A. 2017. Personality traits, autobiographical memory and knowledge of self and others: A comparative study in young people with autism spectrum disorder. Autism, 21(3): 357-367.

Rosati A G, Stevens J R, Hare B, et al. 2007. The evolutionary origins of human patience: Temporal preferences in chimpanzees, bonobos, and human adults. Current Biology, 17(19): 1663-1668.

Russell J, Alexis D, Clayton N. 2010. Episodic future thinking in 3-to 5-year-old children: The ability to think of what will be needed from a different point of view. Cognition, 114(1): 56-71.

Sabbagh M A, Moses L J, Shiverick S. 2006. Executive functioning and preschoolers' understanding of false beliefs, false photographs, and false signs. Child Development, 77(4): 1034-1049.

Scarf D, Smith C, Stuart M. 2014. A spoon full of studies helps the comparison go down: A comparative analysis of Tulving's spoon test. Frontiers in Psychology, 5: 893.

Scarf D, Gross J, Colombo M, et al. 2013. To have and to hold: Episodic memory in 3-and 4-year-old children. Developmental Psychobiology, 55(2): 125-132.

Schacter D L, Addis D R. 2007a. The cognitive neuroscience of constructive memory: Remembering the past and imagining the future. Philosophical Transactions of the Royal Society B: Biological Sciences, 362(1481): 773-786.

Schacter D L, Addis D R. 2007b. The ghosts of past and future. Nature, 445(7123): 27.

Schacter D L, Addis D R. 2009a. On the nature of medial temporal lobe contributions to the constructive simulation of future events. Philosophical Transactions of the Royal Society B-Biological Sciences, 364(1521): 1245-1253.

Schacter D L, Addis D R. 2009b. Remembering the past to imagine the future: A cognitive neuroscience perspective. Military Psychology, 21: 108-112.

Schacter D L, Addis D R, Buckner R L. 2007. Remembering the past to imagine the future: The prospective brain. Nature Reviews Neuroscience, 8(9): 657-661.

Schacter D L, Addis D R, Buckner R L. 2008. Episodic simulation of future events: Concepts, data, and applications. The Year in Cognitive Neuroscience, 1124: 39-60.

Schacter D L, Madore K P. 2016. Remembering the past and imagining the future: Identifying and enhancing the contribution of episodic memory. Memory Studies, 9(3): 245-255.

Schertz H H, Odom S L. 2007. Promoting joint attention in toddlers with autism: A parent-mediated developmental model. Journal of Autism and Developmental Disorders, 37(8): 1562-1575.

Schlam T R, Wilson N L, Shoda Y, et al. 2013. Preschoolers' Delay of Gratification Predicts their Body Mass 30 Years Later. Journal of Pediatrics, 162(1): 90-93.

Shao Y, Yao X A, Ceci S J, et al. 2010. Does the self drive mental time travel? Memory, 18(8): 855-862.

Sheldon S, McAndrews M P, Moscovitch M. 2011. Episodic memory processes mediated by the medial temporal lobes contribute to open-ended problem solving. Neuropsychologia, 49(9): 2439-2447.

Sparrevohn R, Howie P M. 1995. Theory of mind in children with autistic disorder: Evidence of developmental progression and the role of verbal-ability. Journal of Child Psychology and Psychiatry and Allied Disciplines, 36(2): 249-263.

Spreng R N, Levine B. 2006. The temporal distribution of past and future autobiographical events across the lifespan. Memory & Cognition, 34(8): 1644-1651.

Spreng R N, Mar R A, Kim A S N. 2009. The common neural basis of autobiographical memory, prospection, navigation, theory of mind, and the default mode: A quantitative meta-analysis. Journal of Cognitive Neuroscience, 21(3): 489-510.

Squire L R, van der Horst A S, McDuff S G R, et al. 2010. Role of the hippocampus in remembering the past and imagining the future. Proceedings of the National Academy of Sciences of the United States of America, 107(44): 19044-19048.

Stulp G, Emery N J, Verhulst S, et al. 2009. Western scrub-jays conceal auditory information when competitors can hear but cannot see. Biology Letters, 5(5): 583-585.

Stuss D T, Levine B. 2002. Adult clinical neuropsychology: Lessons from studies of the frontal lobes. Annual Review of Psychology, 53: 401-433.

Suddendorf T. 2006. Foresight and evolution of the human mind. Science, 312(5776): 1006-1007.

Suddendorf T. 2010a. Linking yesterday and tomorrow: preschoolers' ability to report temporally displaced events. British Journal of Developmental Psychology, 28: 491-498.

Suddendorf T. 2010b. Episodic memory versus episodic foresight: Similarities and differences. Wiley Interdisciplinary Reviews-Cognitive Science, 1(1): 99-107.

Suddendorf T, Addis D R, Corballis M C. 2009. Mental time travel and the shaping of the human mind. Philosophical Transactions of the Royal Society B-Biological Sciences, 364(1521): 1317-1324.

Suddendorf T, Busby J. 2003. Mental time travel in animals? Trends in Cognitive Sciences, 7(9): 391-396.

Suddendorf T, Busby J. 2005. Making decisions with the future in mind: Developmental and comparative identification of mental time travel. Learning and Motivation, 36(2): 110-125.

Suddendorf T, Corballis M C. 1997. Mental time travel and the evolution of the human mind. Genetic Social and General Psychology Monographs, 123(2): 133-167.

Suddendorf T, Corballis M C. 2007. The evolution of foresight: What is mental time travel, and is it unique to humans? Behavioral and Brain Sciences, 30(3): 299-313.

Suddendorf T, Corballis M C. 2008. New evidence for animal foresight? Animal Behaviour, 75(5): e1-e3.

Suddendorf T, Nielsen M, von Gehlen R. 2011. Children's capacity to remember a novel problem and to secure its future solution. Developmental Science, 14(1): 26-33.

Suddendorf T, Redshaw J. 2013. The development of mental scenario building and episodic foresight. Year in Cognitive Neuroscience, 1296: 135-153.

Szpunar K K, McDermott K B. 2008. Episodic future thought and its relation to remembering: Evidence from ratings of subjective experience. Consciousness and Cognition, 17(1): 330-334.

Szpunar K K, Watson J M, McDermott K B. 2007. Neural substrates of envisioning the future. Proceedings of the National Academy of Sciences of the United States of America, 104(2): 642-647.

Terrett G, Rendell P G, Raponi-Saunders S, et al. 2013. Episodic future thinking in children with autism spectrum disorder. Journal of Autism and Developmental Disorders, 43(11): 2558-2568.

Tomasello M. 1995. Joint attention as social cognition//Moore C, Dunham P J. Joint Attention: Its Origins and Role in Development. Hillsdale: Lawrence Erlbaum Associates, Inc: 103-130.

Trope Y, Liberman N. 2003. Temporal construal. Psychological Review, 110(3): 403-421.

Tryon W W. 1982. A simplified time-series analysis for evaluating treatment interventions. Journal of Applied Behavior Analysis, 15(3): 423-429.

Tryon W W. 1984. A simplified time-series analysis for evaluating treatment interventions: A rejoinder. Journal of Applied Behavior Analysis, 17(4): 543-544.

Tulving E. 1972. Episodic and semantic memory//Tulving E, Donaldson W. Organization of Memory. New York: Academic Press: 381-403.

Volkmar F, Siegel M, Woodbury-Smith M, et al. 2014. Practice parameter for the assessment and treatment of children and adolescents with autism spectrum disorder. Journal of the American Academy of Child and Adolescent Psychiatry, 53(2): 237-257.

von dem Hagen E A H, Stoyanova R S, Rowe J B, et al. 2014. Direct gaze elicits atypical activation of the theory-of-mind network in autism spectrum conditions. Cerebral Cortex, 24(6): 1485-1492.

Wang Q, Capous D, Koh J B K, et al. 2014. Past and future episodic thinking in middle childhood.

Journal of Cognition and Development, 15(4): 625-643.

Wang Q, Leichtman M D, White S H. 1998. Childhood memory and self-description in young Chinese adults: The impact of growing up an only child. Cognition, 69(1): 73-103.

Wang T, Yue T, Huang X T. 2016. Episodic and semantic memory contribute to familiar and novel episodic future thinking. Frontiers in Psychology, 7: 1746.

Wellman, H M. 1990. The Child's Theory of Mind. Cambridge: MIT Press.

Whalen C, Schreibman L. 2003. Joint attention training for children with autism using behavior modification procedures. Journal of Child Psychology and Psychiatry and Allied Disciplines, 44(3): 456-468.

Williams J H, Whiten A, Suddendorf T, et al. 2001. Imitation, mirror neurons and autism. Neuroscience & Biobehavioral Reviews, 25(4): 287-295.

Wimmer H, Perner J. 1983. Beliefs about beliefs: Represent on and constraining function of wrong belief in young children's understanding of deception. Cognition, 13(1): 103-128.

Xu X X, Yuan H, Lei X. 2016. Activation and connectivity within the default mode network contribute independently to future-oriented thought. Scientific Reports, 6: 10.

Young L C. 1941. On randomness in ordered sequences. Annals of Mathematical Statistics, 12: 293-300.

Zentall T R. 2005. Animals may not be stuck in time. Learning and Motivation, 36(2): 208-225.

Zentall T R, Steirn J N, Jacksonsmith P. 1990. Memory strategies in pigeons performance of a radial-arm-maze analog task. Journal of Experimental Psychology-Animal Behavior Processes, 16(4): 358-371.

P 后 记
ostscript

　　这本书是对我博士毕业后近 10 年工作的总结，很多研究都是我和我的学生共同完成的，在此请给我机会一一说出他们的名字。

　　首先要感谢的是我曾经带过的本科生，在研究的初期是他们跟我一起努力，做实验，写论文，为之后的研究铺平了道路。他们是：辽宁师范大学心理学院 2005 级邓晨曦，2007 级徐周、侯雨欣和周旭，2008 级周天游和李涵妮。

　　接下来要感谢我的硕士们，感谢他们在繁忙的学业中，愿意接受繁重的任务，跟我一起探索未知的领域。他们是：2012 级李华和王敏楠，2013 级刘静，2014 级廖平平、张晓燕和武琼，2015 级任玉娇。其中，李华、廖平平、武琼和任玉娇的研究课题都与孤独症谱系障碍儿童有关，前两名同学主要是对孤独症谱系障碍的特点和机制进行探讨，后两名同学具体实施了孤独症谱系障碍的干预过程。王敏楠、刘静和张晓燕则主要负责对从幼儿到小学、中学、大学情景预见的发展轨迹和机制进行探讨。感谢他们在研究过程中秉承科学的态度，遇到困难不畏惧、不退缩，勇于承担、任劳任怨。

　　这本书得以完成，除了这些勤奋好学的学生，我还要感谢很多人——给我谆谆教诲的恩师，支持我、鼓励我的家人，还有认真负责的编辑……没有他们，就不可能就有这本书稿。

　　感恩，感谢！

刘岩

2017 年 9 月

Postscript
编后记 ◄┄┄•

《博士后文库》（以下简称《文库》）是汇集自然科学领域博士后研究人员优秀学术成果的系列丛书。《文库》致力于打造专属于博士后学术创新的旗舰品牌，营造博士后百花齐放的学术氛围，提升博士后优秀成果的学术和社会影响力。

《文库》出版资助工作开展以来，得到了全国博士后管委会办公室、中国博士后科学基金会、中国科学院、科学出版社等有关单位领导的大力支持，众多热心博士后事业的专家学者给予积极的建议，工作人员做了大量艰苦细致的工作。在此，我们一并表示感谢！

《博士后文库》编委会